水曜日
地理 常識
知多少!

CHAPTER 1
地球的奧祕

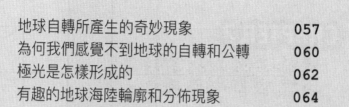

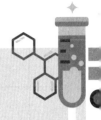

CHAPTER 2
世界地理

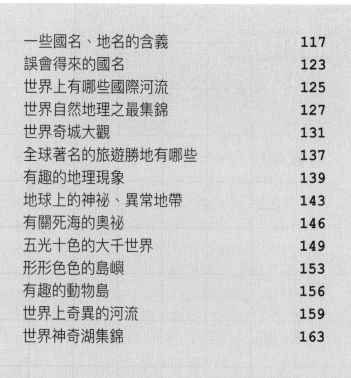

CHAPTER 3
中國地理

CHAPTER 1

地球的奧祕

人類對於宇宙的認識與發展

自古以來，人類對茫茫的宇宙就充滿了遐想。五花八門的宇宙觀從幼稚到成熟，從神話到科學，經歷了漫長的歲月。對於宇宙的認識，曾經流行過的主要學說如下：

一、自然説

產生於古印度。古印度人想像地球是駄在四隻大象的身上，而大象竟站在一隻漂浮於大海上的海龜背上。

二、蓋天説

又稱「天圓地方說」，產生於春秋時期，是中國古代最早的宇宙結構學。古人認為人類腳下這塊靜止不動的大地就是宇宙的中心。地像一方形大棋盤，天如同圓

狀大蓋，倒扣在大地上，上面佈滿了數以千計的閃光體。

三、宣夜說

是中國歷史上最有卓見的宇宙無限論。最早出現於戰國時期，到了漢代得到進一步確定。宣夜說認為宇宙是無限的。宇宙中充滿了氣體，所有天體都在氣體中飄浮運動。星辰日月都有由它們特性所決定的運動規律。

四、渾天說

是繼蓋天說一千年後，由中國東漢時期著名的天文學家張衡提出的。他認為：「天之包地猶殼之裹黃。」天和地的關係就像雞蛋中的蛋白包著蛋黃，地被天包在其中。

五、中心火學說

由古希臘學者菲洛勞斯提出。他受了前輩哲學家赫拉克利特關於火是世界本原思想的影響，認為火是最高貴的元素，由此提出宇宙結構的「中心火學說」，即宇宙的中心是一團熊熊燃燒的烈火，地球（每天一周）、月球（每月一周）、太陽（每年一周）和行星都圍繞著天火運行。

六、地心說

最早由古希臘哲學家亞里士多德提出。認為地球為

宇宙的中心，是靜止不動的。從地球往外，依次有月亮、水星、金星、太陽、火星和土星，它們在各自的軌道上繞地球運行。

七、日心說

1543 年由波蘭天文學家哥白尼提出。他將宇宙中心的寶座交給了太陽，認為太陽是行星系統的中心，一切行星都繞著太陽旋轉。地球也是一顆行星，它像陀螺一樣自轉著，同時與其他行星一樣繞太陽運行。

八、星雲說

18 世紀下半葉，由德國哲學家康德和法國天文學家拉普拉斯提出。認為太陽系是一塊星雲收縮形成的，先形成的是太陽，剩餘的星雲物質又進一步收縮深化，形成行星和其他小天體。

九、大爆炸說

1948 年由俄裔美國天文學家伽莫夫提出。他認為，宇宙最初是一個溫度極高、密度極大的由最基本的粒子組成的「原始火球」（也稱「原始蛋」）。這個火球不斷迅速膨脹，它的演化過程就像一次巨大的爆炸，爆炸中形成了無數的天體，構成了宇宙。

關於地球起源的各種假說

我們一誕生到這個世界上，就和地球分不開了。地球成為我們誕生、勞動、生息、繁衍的地方，人類共有的家園，和我們的關係太密切了。那麼，地球是如何形成的呢？關於這個問題，自古以來，人們就對它有著種種的解釋，也留下了很多神話傳說。例如，中國古代的「盤古開天闢地」之說。

相傳，世界原本是一個黑暗混沌的大團團，外面包裹著一個堅硬的外殼，就像一顆大鵝蛋。多年以後，這個大黑團中誕生了一個神人——盤古。他睜開眼睛，但四周卻漆黑一片，什麼也看不見，他揮起神斧，劈開混沌，於是，清而輕的部分上升成了天空，濁而重的部分

下沉成了大地……

在西方國家，據《聖經》記載，上帝耶和華用六天時間創造了天地和世間萬物。第一天，祂將光明從黑暗裡分出來，使白天和夜晚相互更替；第二天，祂創造了天，將水分開成天上的水和地上的水；第三天，祂使大地披上一層綠裝，點綴著樹木花草，空氣裡飄蕩著花果的芳香；第四天，祂創造了太陽和月亮，分別掌管白天和夜晚；第五天，祂創造了飛禽走獸；第六天，祂創造了管理萬物的人；第七天，上帝休息了，這一天稱為「安息日」，也就是現在的星期天……現在看來，這些美麗的神話傳說是沒有科學根據的。

隨著生產力的發展，人們對太陽系的認識也逐漸深刻。18 世紀以來，相繼出現了很多假說。近數十年來，由於天體物理學等近代科學的發展、天文學的進步、宇航事業的興起等為地球演化的研究提供了更多的幫助，現在介紹幾種假說以供參考。但要解開宇宙之謎，還須我們不懈的努力。

一、星雲說

法國數學家和天文學家拉普拉斯（1749～1827）於 1796 年發表的《天體力學》及後來的《宇宙的敘述》

中提出太陽系成因的假說——星雲說。他認為，太陽是太陽系中最早存在的星體，這個原始太陽比現在大得多，是由一團灼熱的稀薄物質組成，內部較緻密，周圍是較稀薄的氣體圈，形狀是一個中心厚而邊緣薄的餅狀體，並不斷緩慢地在旋轉。

　　經過長期不斷冷卻和本身的引力作用，星雲逐漸變得緻密，體積逐漸縮小，旋轉加快，因此愈來愈扁。這樣位於它邊緣的物質，特別是赤道部分，當離心加速度超過中心引力加速度時，便離開原始太陽，形成無數同心圓狀輪環（如同現在土星周圍的環帶），相當於現在各行星的運行軌道位置。由於環帶性質不均一，並且帶有一些聚集凝結的團塊，這樣在引力作用下，環帶中殘餘物質，都被凝固吸引，形成大小不一的行星，地球即是其中一個。各輪環中心最大的凝團，便是太陽，其餘圍繞太陽旋轉，由於行星自轉因此也可以產生衛星，例如地球的衛星——月亮，這樣，地球便隨太陽系的產生而產生了。

二、災難學派的假說

　　1930 年，英國物理學家金斯提出氣體潮生說，他推測原始太陽為一灼熱球狀體，由非常稀薄的氣體物質

組成。一顆質量比它大得多的星體，從距離不遠處瞬間掠過，由於引力，原始太陽出現了凸出部分，引力繼續作用，凸出部分被拉成如同雪茄菸一般的長條，作用在很短時間內進行。較大星體一去不復返，慢慢地太陽獲得新的平衡，從太陽中分離出長條狀稀薄氣流，逐漸冷卻凝固而分成許多部分，每一部分再聚集成一個行星。被拉出的氣流，中間部分最寬，密度最大，形成較大的木星和土星。兩端氣流稀薄些，形成較小的行星，如水星、冥王星、地球等。

三、隕石論（施密特假說）

前兩種假說都提出了一個原始太陽，分出灼熱熔融氣體狀態的物質。蘇聯學者施密特，根據銀河系的自轉和隕石星體的軌道是橢圓的理論，認為太陽系星體軌道是一致的，所以，隕星體也應是太陽系成員。因此，他於 1944 年提出了新假說：在遙遠的古代，太陽系中只存在一個孤獨的恆星──原始太陽，在銀河系廣闊的天際沿自己的軌道運行。

在 60 億～70 億年前，當它穿過巨大的黑暗星雲時，便和密集的隕石顆粒、塵埃質點相遇，它便開始用引力把大部分物質捕獲過來，其中一部分與它結合；而另一

些按力學的規律，聚集起來圍繞著它運轉，及至走出黑暗星雲，這時這個旅行者不再是一個孤星了。它在運行中不斷吸收宇宙中隕體和塵埃團，由於數不清的塵埃和隕石質點相互碰撞，於是便使塵埃和隕石質點相互焊接起來，大的吸小的，體積逐漸增大，最後形成幾個龐大的行星。行星在發展中又以同樣方式捕獲物質，形成衛星。

在以上介紹的三種關於地球起源的學說中，一般認為蘇聯學者施密特的假說（隕石論）是較為進步的，也較為符合太陽系的發展。根據這一學說，地球在天文期大約有兩個階段：

一是行星萌芽階段：即星際物質（塵埃、碩體）圍繞太陽相互碰撞，開始形成地球的時期。

二是行星逐漸形成階段：在這一階段中，地球形體基本形成，重力作用相當顯著，地殼外部空間保持著原始大氣（主要成分有氨、氫氣、甲烷和水蒸氣等）。由於放射性蛻變釋熱，內部溫度產生分異，重的物質向地心集中，又因為地球物質不均勻分佈，引起地球外部輪廓及結構發生變化，亦即地殼運動形成，伴隨灼熱熔漿溢出，形成熔巖侵入活動和火山噴發活動。

如何科學推算出
地球的年齡

　　地球有多大歲數？從人類的老祖先起，人們就一直在苦苦思索著這個問題。馬雅人把公元前 3114 年 8 月 13 日奉為「創世日」；猶太教說「創世」是在公元前 3760 年；英國聖公會的一個大主教推算「創世」時間是公元前 4004 年 10 月裡的一個星期日；希臘正教會的神學家把「創世日」提前到公元前 5508 年。

　　著名的科學家牛頓則根據《聖經》推算，地球有 6000 多歲。而我們民族的想像更大膽，在古老的神話故事《盤古開天地》中傳說，宇宙初始猶如一個大雞蛋，盤古在黑暗混沌的蛋中睡了 18000 年，一覺醒來，用斧頭劈開天地，又過了 18000 年，天地形成。即便如此，

離地球的實際年齡 46 億歲仍是差之甚遠。

人們是用什麼科學方法推算地球年齡的呢？那就是天然計時器。

最初，人們把海洋中積累的鹽分作為天然計時器。認為海中的鹽來自大陸的河流，便用每年全球河流帶入海中的鹽分的數量，去除海中鹽分的總量，算出現在海水鹽分總量共積累了多少年，就是地球的年齡。結果得數是 1 億年。為什麼與地球實際年齡相差 45 億年呢？一是沒考慮到地球的形成遠在海洋出現之前；二是河流帶入海洋的鹽分並非年年相等；三是海洋中的鹽分也常被海水沖上岸。種種因素都造成這種計時器失真。

後來，人們又在海洋中找到另一種計時器——海洋沉積物。據估計，每 3000 ～ 10000 年，可以形成 1 米厚的沉積岩。地球上的沉積岩最厚的地方約 100 公里，由此推算，地球年齡在 3 ～ 10 億歲。這種方法也忽略了在有這種沉積作用之前地球早已形成，所以，結果還是不正確。

幾經波折，人們終於找到一種穩定可靠的天然計時器——地球內放射性元素和它蛻變生成的同位素。放射性元素裂變時，不受外界條件變化的影響。如原子量為

238 的放射性元素鈾，每經 45 億年左右的裂變，就會變掉原來質量的一半，蛻變成鉛和氧。科學家根據岩石中現存的鈾量和鉛量，算出岩石的年齡。

地殼是岩石組成的，於是又可得知地殼的年齡，大約是 30 億歲，加上地殼形成前地球所經歷的一段熔融狀態時期，地球的年齡約 46 億歲。

地球地質年代名稱的由來

　　地球自誕生以來，已走過漫長的 46 億年。地質學家在研究這 46 億年的地球史時，也像歷史學家研究人類史一樣，將地球的歷史分成幾個階段。所不同的是，人類歷史以朝代劃分；地球史則按代紀劃分。

　　地質學家主要根據生物的演變、地質條件和古氣候的變化，把地球的歷史分成幾個代：太古代、元古代、古生代、中生代和新生代。代下面又分為「紀」等。

　　地質學家給地球的「代」、「紀」定的名稱，也都有一定的來源。

　　元古代──指原始生物時代。

　　古生代──指古老生命的時代。

中生代——指生物發展的中間時期。

新生代——指生命發展的新近時期。

需注意的是，古生代、中生代、新生代中的「生」，主要是指古動物。所以在西方國家的地質文獻中又稱作古動代、中動代、新動代。這三個地質時代下屬的幾個紀的名稱，多數來自英國，有的來自德國，如：

寒武紀——「寒武」是英國西部威爾士一帶的古稱。

奧陶紀——「奧陶」是在英國威爾士住過的一個古代部落民族的名稱。

志留紀——「志留」是英國西部一個古老部落名。

泥盆紀——來自英國的泥盆州。

石炭紀——因那時代地層裡煤礦特別豐富而得名。

二疊紀——譯自德文，因德國當時地層明顯分為上下兩部分。

侏羅紀——是用德國與瑞士交界處的侏羅山命名。

白堊紀——是因為最初劃分出來的地層上部有白堊而得名。

人們如何知道
「大地是球形」的

　　我們立足的大地是一個碩大的圓球體，對於這一點，如今已經沒人懷疑了。於是，人們習慣地叫它「地球」，這樣既形象又親切。但人們對地球形狀的認識，卻不是一蹴而就的，而是經歷了一個漫長的認識過程。

　　古時候，由於人類的活動範圍狹小，只是憑著直覺，看到眼前的地面是平的，就認為整個大地也是平的。在中國有過「天圓如張蓋，地方如棋盤」的說法，認為大地如同展開的棋盤。後來，人們又覺得「平地」的說法無法解釋某些現象，便認為大地是凸起的，於是又有了「天像蓋笠，地法覆盤」的主張，認為大地如同倒扣著的盤子。在中國歷史上，也有人提出過「渾天說」的

理論，認為天地如同雞蛋，天似蛋殼，地似蛋中黃。但這種主張因不符合人們的直覺認知，所以長期不被世人所接受。在古代，也曾有人用推理的方法論述過大地是圓球體。2000多年前，古希臘的哲學家們發表過這樣的見解。站在海邊，遙望遠方駛來的航船，總是先看到桅桿，後看到船身，好像航船從地平線以下徐徐升起。只有當大地是凸起的曲面時，才會有這種效應。

在南北不同地方所看到的北極星高度不同，越往北走，北極星升得越高；越往南走，北極星就越低。同時，在北方能看到的一些星，到南方就看不到了。而在南方能看到的一些星，到了北方就看不到了。這種見解其實就是試圖說明大地不是平面，而應該是凸起的曲面。

古希臘人還根據月食現象判斷大地的形狀。他們認為，月食是由於大地的陰影投射到月亮上造成的，而陰影的邊緣始終是弧形的。古代的思想家們，為了說明大地是圓球體，雖然找了許多證據，但都不能令人心悅誠服。因為假如大地是個半球形狀，也會有上述那些效應。唯一能夠證明大地是圓球形體的方法，就是朝著某一個方向一直走下去，然後回到原來出發的地方。但是，在交通條件不發達的古代，這是不容易辦到的。

　　到 15 世紀末，義大利人哥倫布第一個試圖以親身經歷來證明大地是球形的。他相信，向西走也同樣可以到達亞洲。當時，由於歐洲資本主義興起，為了滿足貿易上的需要，也希望能再找到一條通往富饒的亞洲的捷徑。哥倫佈於 1492 年至 1504 年先後 4 次橫渡大西洋，到達美洲東岸，他以為這就是亞洲。直到他死，還不知道自己所到達的是一個從未被人知道的新大陸呢！

　　第一個完成環球旅行的人是葡萄牙出生的航海家麥哲倫。他率領 265 名水手，分乘 5 艘木製艦船，於 1519 年 9 月從西班牙出發，穿過大西洋，繞過南美洲，進入了一片漫無邊際的大洋，因為當時風平浪靜，他們便稱之為「太平洋」。由於一連幾個月都找不到陸地，得不到淡水和食物，中途不少人病倒和死亡。後來，麥哲倫也在菲律賓群島在與當地人的衝突中被殺害。但他們的努力和犧牲並沒有白費，最後倖存的一艘船和 18 名水手於 1522 年 9 月的一天回到了故鄉。歷時整整 3 年，終於完成了人類史上第一次環球旅行。從此，證實了大地確實是球形的。以後，人們便形象地把大地稱做「地球」了，而麥哲倫則被後人譽為「第一個擁抱地球的人」。

地球內部結構的奧祕

現在我們都知道，地球外形近似橢圓形。可是，地球內部的結構又是怎樣的呢？

如果是一個西瓜，我們可以把它切開來看看，面對一個偌大的地球，我們又能怎麼做呢？即使是現代最先進的鑽機，也只能鑽入地下幾公里，而地球的平均半徑是 6371000 米，這就好比一隻螞蟻啃了幾口西瓜皮。

幾千年間，地球內部結構一直是一個不解之謎。有人曾這樣猜測：具有塵土的地球外殼，可能是浮在一個巨大的油池上面；有人根據世界上曾出現過特大洪水的傳說，猜測地球內部裝滿了水；有人看見火山噴發，猜測地底是一團燃燒的火……

1778 年，英國物理學家卡文迪許根據牛頓的萬有引力定律，用兩個鉛球巧妙地秤出了地球的重量。這下

子驚動了全世界，從前對地球內部種種怪誕的猜測也就不攻自破了。

但是，愚昧的人還是存在。1818年，有人還這樣猜測：地球內部是由5個空心圓球套在一起的，每個空心圓球在兩極附近有近萬公里裂口，如果人們乘船沿著弧形的球面行駛，就可以進入地球內部漫遊。一些天真的人，竟真的駕船到極地去尋找這個「地獄」之門，結果，被這個「豐富的想像」給捉弄了。

難道就沒有別的途徑探尋地球內部結構的奧祕嗎？其實，我們日常生活中的平凡事例，往往包含著深刻的科學道理。如果我們對此心領神會，再改變一下思路或方法，也許會茅塞頓開。例如，人們買缸時，只要輕輕敲幾下缸沿，從聲音中就能辨別出缸體是否有裂縫。道理何在呢？原來，敲缸會產生震波，如果是個完好的缸，震波會無阻擋地傳遍全缸而和諧地震動起來，聲音聽起來就悅耳；如果缸體有裂縫，震波會在斷裂處受阻，而產生折射或反射，聲音聽起來就刺耳。

又如夏天買西瓜，有經驗的人只要用手指彈一彈，就能斷定生熟；醫生檢查身體，常在胸前背後敲一敲，也能診斷是否有病……聰明的人從這裡得到啟發：能不

能用震動來揭曉地底奧祕呢？

　　人們早就發現，地球每年要發生幾百萬次大小不同的震動。地震發生時，也會產生一種震波向四面八方傳播。震波從震源向地球內部傳播的過程中，遇到成分和性質不同的物質，它的傳播速度和方式就會發生變化。例如，橫波一碰到液態或氣態物質，就會中斷消失。

　　另外，地震波和聲波、電磁波也有相似的特性，遇到不同物質構成的交接面時，一部分也可以產生反射或折射，好像返回地面來通風報信一樣，告訴人們地球某深處物質組成發生了變化。科學家用精密的儀器把它記錄下來，經過分析整理，就可以判斷出地底的奧祕了。

　　1909 年，南斯拉夫地震學家莫霍洛維奇在一次大地震中，首先記錄到震波在地下 43 ～ 44 公里處傳播速度突然降低。顯然，在這個深度以下，地球內部的物質組成、物理和化學性質發生了變化。人們把這個交接面稱為「莫霍」面。

　　1914 年，美國地球物理學家古登堡又測出地下2898 公里處，縱波速度突然降低，橫波完全消失了，顯然，地球更深的內部結構又發生了重大變化，人們把這個交接面稱為「古登堡」面。

經過艱難的探索，人們終於揭曉了地底的奧祕。原來，地球的內部結構，說它神祕，卻很一般；說它複雜，又很簡單。莫霍面以上是地殼，它的厚度有 15 ～ 70 公里，一般分為三層，上層是沉積岩層，中層是硅鋁層，下層是硅鎂層。莫霍面和古登堡面之間是地幔，它的厚度有 2850 多公里，可分為兩層，上層主要由橄欖巖一類物質組成，下層主要由金屬物質組成。古登堡面以下至地心是地核，半徑約有 3450 公里，分為內核和外核兩部分。

目前，人們對地核的認識還不清楚。但大多數地學家這樣猜測：外核由於能阻礙橫波的傳播，證明它不是彈性體，可能具有液態性質；內核溫度很高，密度很大，可能是由鐵鎳和微量的鈷等元素組成。就目前測試方法來說，人們對地核的認識至今在或以後較長時間內，將仍是一個神祕的謎。

地殼究竟有多厚

　　地球外表包裹著一層岩石的硬殼，稱為「地殼」。珠穆朗瑪峰高達 8844.3 米，太平洋西南部馬里亞納海溝深至海平面以下 11034 米。

　　5 億年來，地球內部物質在重沉輕浮的重力分異和均衡作用下，不但形成地表的高低不平，而且相應的產生山高海深的結果，使得地殼厚度很不均勻，其中大陸地殼與海洋地殼差別最大。

　　大陸地殼平均厚度是 33 ～ 35 公里，最厚地區是中國青藏高原，厚度達 70 公里以上。

　　海洋地殼很薄，平均厚度不到 27 公里，西南太平洋馬里亞納群島東部深海溝的地殼還不到 1.6 公里厚，是世界上地殼最薄的地方。

　　全球地殼的平均厚度是 20 公里左右，僅佔地球平

均半徑的 1/318。

　　地殼的總體積約 62.1 億立方公里，僅佔地球總體積的 1/100。地殼的總質量約 4856 億億噸，僅佔地球總質量的 1/200。

　　地殼的平均密度是每立方公分 2.8 克，只有整個地球平均密度的一半。如果做個雞蛋那麼大的地球模型，地殼絕對比蛋殼薄得多、輕得多。

怎樣才能計算出地球的周長

　　自從有人相信大地是個圓球，關於它的大小，便是人們渴望知道的問題了。最早測量出地球大小的是古希臘天文學家埃拉特色尼。

　　當時，他居住在現今的埃及亞歷山大港附近。在亞歷山大港正南方有個地方叫塞恩，即今天的阿斯旺，兩地基本上在同一條子午線上。在兩地之間，有一條通商大道，駱駝隊來往不絕。

　　兩地的距離大約是 800 公里。塞恩有一口很深的枯井，夏至這一天正午，陽光可以直射井底，說明這一天正午太陽恰好在頭頂上。可是，同一天的正午，在亞歷山大港，太陽卻是偏南的。

　　根據測量，知道陽光照射的方向和豎直木樁呈 7.2°
的夾角。這個夾角，就是從亞歷山大港到塞恩兩地間子
午線弧長所對應的圓心角。埃拉特色尼根據比例關係，
輕而易舉地計算出了地球的周長：

　　地球周長：800 公里＝ 360°：7.2°

　　計算結果，地球周長約為 40000 公里，這和我們
今天所知道的數值極為接近。埃拉特色尼的方法是正確
的。至今，天文大地的測量工作，也還是根據這一原理
進行的。不過，精確的測量不是靠太陽，而是靠某恆星
的高度和方位來進行測量和推算的。

　　後來，又有人重做埃拉特色尼的實驗，由於儀器
精確度不高，所測得的結果為 28800 公里。但當時，人
們迷信儀器的測量，相信這個與實際長度誤差很大的數
字。所以，一直到 15 世紀以前，西方人一直認為地球
的周長只有 28800 公里。

　　哥倫布採用的也是這個較小的數值。他錯誤地估
計，只要向西航行幾千公里就可以到達亞洲的東部。如
果他當時知道了地球的真實大小，也許就不會做那次冒
險的航行了。

　　近代大地測量中，是利用恆星來測定地球某兩地間

子午線弧長的。只要精確測知一段子午線弧長，便會很
容易地計算出地球的周長。這和埃拉特色尼的方法基本
一致。

如何秤出地球的重量

我們腳下的大地是個碩大無比的球體。古希臘時科學家用巧妙的方法測出了它的半徑有 6400 多公里。但是，人們一直不知道這個巨大的球體有多重。

地球那麼大，那麼重，用普通的秤來秤地球的重量，那是不可思議的。第一，世界上沒有這樣一桿能秤得起地球的巨秤。其次，誰也無法拿得起這桿秤。就算有一個力大無窮的大力士能提得起地球，也無法秤我們的地球，因為那個能夠秤得起地球的人，要站在什麼地方去秤地球呢？人們總不能站在地球上秤地球吧！

1778 年，英國 19 歲的科學家卡文迪許向這個難題挑戰。那麼，他是怎樣秤出地球的重量的呢？卡文迪許是運用牛頓的萬有引力定律秤出地球重量的。

根據萬有引力定律，兩個物體間的引力與兩個物體

之間的距離的平方成反比，與兩個物體的重量成正比。
這個定律為測量地球提供了理論根據。卡文迪許想，如
果知道了兩個物體之間的引力和距離，知道了其中一個
物體的重量，就能計算出另一個物體的重量。這在理論
上完全成立。但是，在實際測定中，還必須先瞭解萬有
引力的常數K。

卡文迪許透過兩個鉛球測定出它們之間的引力，
然後計算出引力常數。兩個普通物體之間的引力是很小
的，不容易精確地測出，必須使用很精確的裝置。

當時人們測量物體之間引力的裝置用的是彈簧秤，
這種秤的靈敏度太低，不能達到實驗要求。於是，卡文
迪許利用細絲轉動的原理，設計了一個測定引力的裝
置，細絲轉過一個角度，就能計算出兩個鉛球之間的引
力。然後，計算出引力常數。但是，這個方法還是失敗
了。因為兩個鉛球之間的引力太小了，細絲扭轉的靈敏
度還不夠大。

靈敏度問題成了測量地球重量的關鍵！卡文迪許為
此傷透了腦筋。有一次，他正在思考這個問題，突然看
到幾個孩子在做遊戲。有個孩子拿著一塊小鏡子對著太
陽，把太陽反射到牆壁上，產生了一個白亮的光斑。小

孩子用手稍稍地移動一個角度，光斑就相應的移動了距離。卡文迪許猛然醒悟，這不是距離的放大鏡嗎？靈敏度不可以透過它來提高嗎？

035

　　於是，卡文迪許在測量裝置上裝上一面小鏡子。細絲受到另一個鉛球微小的引力，小鏡子就會偏轉一個很小的角度，小鏡子反射的光就轉動一個相當大的距離，很精確地就知道了引力的大小。利用這個引力常數，再測出一個鉛球與地球之間的引力。

　　根據萬有引力公式，計算出了地球的重量，即為 60 萬億億噸，與現代測量的結果 59.76 萬億億噸非常接近。

地球大氣
是從哪裡來的

　　我們的地球之所以生機勃勃，是因為它有其他行星所沒有的得天獨厚的三大寶：適量的陽光、充足的水源和豐富的大氣。地球大氣是從哪裡來的呢？天文學家常常用天體的起源來解釋地球大氣的起源。

　　根據太陽系起源的流行理論——康德—拉普拉斯學說認為：大約在50億年前，太陽系是一團體積龐大、溫度極高、中心密度大、外緣密度小的氣態塵埃雲。整個塵埃雲先是緩緩轉動，後來溫度漸漸冷卻，塵埃收縮，而使轉動加快，中心部分收縮成太陽，周圍物質收縮成九大行星及其衛星。最初收縮凝聚的地球團塊是很疏鬆的，氣體不光在地球表面，大部分被禁錮在疏鬆的地球

團內。這時的地球像一塊吸足了水分的海綿團，蘊涵著大量的氣體。

後來，由於地心引力作用，疏鬆的地球收縮變小。氣體受到收縮，被擠出來。大多氣體分散到地球表面，形成薄薄的一層大氣。地球收縮到一定程度後，收縮速度減慢，強烈收縮時產生的熱量漸漸消散，地球逐漸冷卻，地殼開始凝固。地球凝固後，地球內部受反射性元素的作用不斷升溫，使地殼一些地方發生斷層、位置移動和火山爆發。

地殼和岩石中的水和氣體也隨之釋放出來。這些被釋放出來的氣體中，一部分像氫和氦等輕分子跑到了宇宙空間，而氧和氮等重分子大部分被地球吸力抓住，充實了地球大氣。

地球不斷失去氫和氧，然而太陽風和地球本身的活動，如火山爆發等，又不斷地補充地球大氣失去的氣體。所以，從古至今，地球大氣總是那麼豐富。

為什麼地球上的氧氣用不完

　　地球上動物、植物的生存離不開氧氣，一切物質的燃燒，動植物的腐爛，鐵的生銹等也離不開氧氣。那麼，長此以往，地球上的氧氣會不會用完呢？19世紀時，英國物理學家湯姆孫‧克爾文曾十分憂慮地說：「隨著工業的發達與人口的增多，500年以後，地球上所有的氧氣將被用光，人類將趨於滅亡！」事實證明，這種擔憂完全是多餘的，地球上的氧氣不會用完。

　　瑞士的科學家謝尼伯曾經做過這樣一個實驗：他採集了許多植物的綠葉，浸在水裡，放在陽光底下。葉子很快就不斷地產生一個個小氣泡，謝尼伯用一隻試管收集了這些氣體。這些氣體是什麼呢？當謝尼伯把一片點

著了的木條扔進試管時，木條猛烈地燃燒，射出耀眼的光芒。這說明試管內是氧氣，因為，只有氧氣才能幫助燃燒。

接著，謝尼伯又往水裡通入二氧化碳。他發現，通進去的二氧化碳越多，綠葉排出的氧氣也越多。謝伯尼得出了這樣的結論：「在陽光的作用下，植物靠著二氧化碳營養而排出氧氣。」

原來，在陽光下，綠色植物會吸收空氣中的二氧化碳，使二氧化碳與從根部吸入的水分發生化學作用，化合成它們需要的營養物，同時放出氧氣，這叫做「光合作用」。植物透過光合作用放出氧氣的總量比它呼吸時的需要氧量要多 20 倍左右。這樣，氧氣在空氣中就不會減少，而且經常保持 21% 的含量，同時二氧化碳也經常保持在 0.03% 的含量。

地球上為什麼會有這麼多水

　　地球上為什麼會有這麼多水？這個問題可能不少人認為是從天上下雨、下雪掉下來的。但是也有人會有相反的說法，他們認為雨和雪是地面上的水蒸發帶上去的，因而一直爭論不休。事實上，上述兩種說法都只是說了地球上水的運移和循環情況，而沒有涉及事物的本質。那麼地球上的水究竟是從哪裡來的呢？

　　透過人們對地球內部構造和物質成分的詳細研究，目前已有越來越多的資料可以證明，它是從地球內部分異擠壓出來的。其證據是：從現代火山活動中可以看出，幾乎在每次火山噴發時總會有大量氣體噴出，其中以水蒸氣為主，占 75% 以上，其數量之大十分驚人。如

1906 年義大利維蘇威火山噴發時，噴出巨大的純的水蒸氣柱高達 1.3 萬米以上，並且在 20 小時內一直保持著這樣的高度。又如，美國阿拉斯加州卡特邁火山區的萬煙谷，有上萬個天然水蒸氣噴氣孔，平均每秒鐘就可噴出 97℃ ～ 645℃ 的水蒸氣和熱水約 2.3 萬立方米。這些現象說明，在地球內部（地殼深部）確有大量原始水存在。

從地下深處的岩漿成分來看，無不含有水分，並且越深形成的岩漿含水量越高。例如，經實驗證明，在 5 公里深處岩漿中水的飽和度約為 6%，在 10 公里深處，卻達 10% 左右。從岩漿凝固結晶而成的火成岩來看，雖然都是一些堅硬的石頭，但經化驗證明，仍然含有一定數量的結晶水，並且常見有原始水的包裹體。從構成地球的原始物質——球粒隕石的成分來看，經人們研究發現，同樣也含有一定水分，一般含水量為 0.5% ～ 5%，有些可達 10% 以上（如炭質隕石）。

上述事實充分說明了地球內部確實有水存在。但地球內部的水是如何跑到地球表面來的？要回答這個問題，得從地球的形成過程談起。

原來由宇宙塵埃凝聚成地球時，作為宇宙物質之一的水同時被封存在地球的原始物質——球粒隕石中。由

於當時雛形地球溫度很高，原始物質均處在熔融狀態，而且地球自轉速度很快（例如，35 億年以前，地球的自轉速度約為現在速度的 6 倍，即每天只有 4 小時），因此，便產生重力離心分異，轉重的物質趨向地球核部集中，較輕的物質便逐漸向外遷移，這樣就慢慢形成了地球的地核、地幔、地殼三圈層構造。

在地球圈層分異過程中，水是最輕的物質之一，並且活動性也最強，自然首先被移向地球外層。後來，當外層這些富含水的熔融岩漿凝固成堅硬地殼時，含在岩漿中的水大部分就被擠壓出來，並向地球表面溢出，形成今天的大海大洋。

不過，30 億年前的古地球表面由於溫度較高，因此，擠壓出來的水幾乎都成了水蒸氣，在地球上空飄浮，直到後來地表溫度降至 100°C 以下時，濃厚的水蒸氣才逐漸冷凝成水滴，並開始大量向地面降落。隨著時間的推移，當地表溫度降至 30°C 左右（即與現在地表溫度相當）時，擠出來的水大約 99% 都呈水滴落到地表，這就是造成如今地球上這麼多水的原因所在。

時刻處於運動之中的地殼

　　有人形象地把地球比作一個大雞蛋：地核好比蛋黃；地幔彷彿蛋清；地殼相當於蛋殼。我們天天腳踏的就是地球的外殼——地殼，供給地球上一切生物繁衍生息所需要的全部物資的也是地殼。

　　地球最初是一個旋轉的流體，大約在 40 億年前，地球表面產生了一些結晶的岩石，這就是地殼的雛形。現在地球上發現的最古老的地殼岩石形成於 35 億年左右。在 28 億年左右時，地殼、大氣層和海洋基本定型。

　　至於原始地殼是如何形成的，說法不一。起初有人認為，地殼是地球冷凝固結的外殼；後來有人提出地殼是地球長期演變的結果；到了現代，人類飛上月球，受

月球隕石坑的啟發，認為地球也像月球一樣經歷過天體的碰撞。地殼是天體撞擊後，地表物質熔融，引起岩漿噴溢，填塞了凹坑，形成了地殼。原始地殼發展至今，如同「女大十八變」，面目全非了。

現在人們借助深海探測器和深海鑽探技術，發現地殼是由6個弧形板塊拼接而成的。

10億年來，地殼的發展就是受這6個板塊的牽制。大約2億年前，地球上還沒有七大洲，只有兩大洲：北半球的勞亞古陸，南半球的岡瓦納古陸，兩個古陸中間是古地中海。

後來，地幔中的物質流動，推動地殼運動，使這兩塊古大陸分裂成數塊，各自按一定方向漂移。如當時屬於岡瓦納古陸一部分的印度半島就曾以0.7～16公分/年的速度向北漂移，浮過了赤道。

6000萬年至3000萬年前，它撞上了北方古陸，在原是一片海洋的地方撞起了喜馬拉雅山脈。直到今日，喜馬拉雅山還在繼續上升呢！

科學家對岩層磁化強度、成分以及岩石中已滅絕的有機體化石的研究發現，美國的阿拉斯加州的一部分竟是從澳大利亞東部分裂出來的。經漫長歲月的漂移，漂

過太平洋，經過秘魯海岸，又刮走了一部分加利福尼亞金礦，最後緊貼在阿拉斯加大陸上。

不僅陸殼在運動，洋殼也在運動。太平洋中的洋脊以 4.5 公分 / 年的速度向西擴張，新洋殼不斷生長，向東漂到日本東岸。

2 億多年的滄桑巨變，形成了現在的七大洲四大洋。今後還會變成什麼模樣，就看地殼怎麼運動了。

海底荒漠中的綠洲

　　地球上，哪裡是生命的蹤跡最稀少的地方呢？是嚴寒的極地嗎？不是，那裡有耐寒的企鵝、白熊；是稀薄的高層大氣嗎？不是，那裡有無數生命的孢子在漂流；是乾旱的沙漠嗎？也不是，那裡有耐旱的胡楊等樹種。那麼，到底是哪兒呢？

　　過去，人們一直認為生命活動最寂寞的地方是深沉的海底。那裡沒有一縷陽光，沒有一絲熱氣，生命的蹤跡一片杳然。

　　為什麼海底生命如此稀少呢？原來，生命鏈的起點一般是植物。有了植物，才能維持動物的生存。科學家們曾觀察一個小島上生命的復甦，小島經歷了一次火山爆發，生命全部毀滅。後來，昆蟲、鳥類逐步遷來，但都全部死亡，因為還沒有植物生長。然而，植物的生長

離不開陽光。在深海海底，陽光難以照射。到了 300 米
以下的海中，就伸手不見五指了。海底沒有陽光，也就
沒有生命。

　　乾旱的沙漠中會有充滿生機的綠洲，海底荒漠中難
道就沒有綠洲嗎？1977 年，法國、美國的海洋學家乘
坐「阿爾文」號深水潛艇對加拉帕戈斯群島附近的海底
進行了一次考察。他們的目的是要尋找海底溫泉。根據
板塊學說，海底地殼會湧出岩漿，也就有可能噴出溫泉。
經過艱難的搜索後，在該島以東 300 公里左右的 2500
米深的海底，果然發現了噴湧而出的海底溫泉。溫泉區
的水溫達 20℃，而其他海底的溫度只有 2℃。

　　更加奇怪的是，溫泉區並不是一片荒涼的海底「沙
漠」，而有熙熙攘攘的生命在活動。透過潛艇的觀察窗，
科學家們看到巨大的紅頭蠕蟲在蠕動，各種貝類靜靜地
張著貝殼，紅棕色的魚豎著身子在游泳，白色的蟹在岩
石上緩緩爬行，矮胖的龍蝦弓著腰……這裡真像是一個
海底荒漠中的綠洲，充滿著生機。

　　陸上和淺海的一切生命都離不開太陽。太陽供給了
能量。海底綠洲生命的活力的源泉又在哪裡呢？

　　海底綠洲的生物屬於另一生態系統。這些生命的起

點可能是吃硫化物的細菌。海底溫泉中含有硫酸鹽，在一定條件下又還原成硫化物。海底有些微生物就以硫化物為生。它們的能量來自化學反應，而不是來自日光，因此叫做化學自養生物。它們組成了食物鏈的起點，其他生物如蟲、貽、貝、蟹、魚等，無一不是間接或直接地以它們為生。這些微生物在溫泉區的密度，比海底其他區域要大千百倍，比海面也要高好幾倍。特別在溫泉中心，由於硫化物含量豐富，生物密度更高。

不過，科學家的研究顯示，海底生物鏈並不如此簡單。有一種蠕蟲既沒有嘴巴，也沒有內臟、肛門，顯然，它不是靠吃自養生物長大的。科學家們發現，它的身體空腔中有塊軟組織，裡面有許多酶，這些酶在硫化物的新陳代謝中很活潑。科學家們認為，這種蠕蟲與吞吃硫化物的細菌是一種共生關係。蠕蟲的頭部冠狀物吸收無機物，體內的共生細菌利用它吸收的無機物製造養料，養料又為蠕蟲所利用。

海底綠洲的發現有著重要的科學價值。不過，海底綠洲還有許多謎沒有揭開，正等待人們去深入研究。

南極冷還是北極冷

　　北極是四周為大陸所包圍著的海，中間的北冰洋，面積約 1310 萬平方公里。

　　北極地方的氣候，全年可分夏冬兩季。夏季沒有黑夜，日光斜照，氣溫仍然不高；冬季沒有白晝，漫漫長夜，異常寒冷，最低氣溫常低到－30℃～－40℃。全年平均氣溫在零度以下。

　　由於海陸分佈和海流關係等，最冷的地方並不在極點，而是在西伯利亞的勒馬河下流以東和格陵蘭北部，同被稱為「世界的寒極」。極區有十幾米高的冰山，猛烈的風暴夾著雪花飛舞，陸上和海上都覆蓋著冰雪。

　　南極是四面環海的大陸，面積約 1400 萬平方公里。南極大陸海拔為 2350 米，是世界上最高的洲。南極大陸幾乎全部淹沒在廣大的厚層冰蓋之下，冰的厚度從幾

百米到幾千米不等。漂浮的冰塊，形成高大的冰障和冰山。有些地方的山脈高達 3000 米，山峰高達 4500 米以上。

　　南極大陸的氣候，終年有暴風雪，風勢猛烈，最大風速達每秒 75 米以上，有「風極」之稱。南極的冬夏晝夜和北極相反，當北極是永晝的夏季的時候，南極則是永夜的冬季；北極是永夜的冬季時，南極則是永晝的夏季。嚴寒的冬季，氣溫常降到－ 50℃～－ 60℃，絕對最低氣溫曾達－ 88.3℃；短促的夏季，也是多霧氣，少見太陽，氣溫仍在攝氏零度以下，南極所環繞的海流，盡屬寒流，所以氣候比北極更寒冷。

地球任何地方每天都有晝夜更替嗎

　　南、北極及其附近地區有極晝、極夜現象，並不是每一天都有晝夜變化。而離極點的距離遠近不同，極晝和極夜的時間長短也不一樣。

　　以北半球而言，春分日（3月21日前後）之後，北極點出現極晝，隨後，極晝範圍向極點四周地區慢慢擴大。到夏至日（6月22日前後），極晝擴大到最大範圍——北極圈。北極圈的極晝只有這一天。過了這一天，極晝範圍又向其中心點——北極點慢慢縮小。到秋分日（9月23日前後），極晝範圍縮小到最小的程度——只有一個點，即北極點。過了秋分日，隨著太陽直射點越過赤道進入南半球，北極點開始出現極夜，並且極夜的

範圍慢慢地擴大。到冬至日（12 月 22 日前後），北極附近的極夜擴大到最大的範圍——北極圈。北極圈上的極夜也只有這一天，過了這一天，極夜範圍又向中心點——北極點慢慢縮小。到春分日（3 月 21 日前後），極夜的範圍縮小成一個點，即北極點。如此循環，週而復始。

由此可見，北（南）極圈及其以內的地區有極晝、極夜的現象，但極圈上的極晝、極夜只有夏至日（6 月 22 日前後）和冬至日（12 月 22 日前後）各一天；而北（南）極點上，極晝和極夜各有半年。從極圈上的一天到極點上的半年，極晝、極夜的時間，隨著離極點的距離的縮短而逐漸加長。

春分日（3 月 21 日前後）是北極點由極夜轉為極晝的分界點；秋分日（9 月 23 日前後）是北極點由極晝轉為極夜的分界點。春分日和秋分日這兩天，北（南）極點處於晨昏圈上，太陽終日位於地平線上，作水平「移動」。

新的一天從地球上的哪裡開始

　　地球是個球體，每時每刻都在不停地自西向東旋轉。由於各個地方看見太陽的時刻不同，所以各自都有著自己的黎明、正午、黃昏和午夜。在人類的生產活動還不發達的時候，並不感到有什麼不方便。隨著人類活動範圍的擴大，一系列難以解決的問題就出現了。在這裡我們先講個小故事。

　　遠在 1519 年，一支西班牙船隊在麥哲倫的率領下出發了。他們向西跨過大西洋，橫渡太平洋，穿越印度洋，歷盡千辛萬苦，用了近三年時間，圍繞地球航行一周，回到了西班牙。水手們在回到祖國這一天，發現了一件怪事：他們的航行日記上記載著這一天是 1522 年 9

月6日，而西班牙的日曆上這一天卻寫著：「9月7日」。水手們怎麼也不明白，他們為什麼會漏掉了一天。

　　這一天跑到哪兒去了呢？是水手們在與驚濤駭浪的搏鬥中記錯了日子嗎？不，不是，水手們矢口否認。那是怎麼回事呢？原來，他們的的確確就是在船上度過了1023天，迎接了1023個日出，而不是1024個日出。道理很簡單，由於他們每天都追著太陽向西航行，所以，他們每天的黃昏總要來得晚些，也就是他們度過一天所用的時間比別人要長些，大約一天平均要長一分多鐘。這一分多鐘的時間對船上的人幾乎沒有什麼影響，他們也根本感覺不出來，但是，3年積累起來，船上的人就比別人少過了一晝夜。如果船是自西向東航行，在繞行地球一周以後，那他們還要比別人多過一晝夜呢！現代的人懂得地球自轉的道理，對這個現象不會感到太驚訝，但對於400多年前的人來說，怎麼也弄不明白這到底是怎麼一回事。

　　由於每個地方都有自己一天開始的時刻，所以就會出現鬧彆扭的時候。美洲大陸被發現以後，歐洲的移民大量遷入。英國人從東向西到達那裡，俄國人經過白令海峽，從西向東到達那裡。在阿拉斯加，英國人和俄國

人時常為今天是星期幾而鬧意見，英國人說是星期天的時候，俄國人說是星期一。這個矛盾總是解決不了。但從這裡可以看出來，全地球上的人有必要規定一個新的一天開始的地方。

那麼，新的一天從哪開始呢？

世界的天文學家們在 1884 年的國際會議上規定了一個地方，作為地球上新的一天的起點，並且命名這個地方叫「國際換日線」（也叫換日線）。「國際換日線」大體和東西經 180° 線一致。為了不使一個國家出現兩個日期，這條線在穿過俄羅斯（前蘇聯）和美國阿拉斯加之間地區以及穿過太平洋上一些島嶼時，有些曲折。當國際換日線上到達零點時，便宣告地球上新的一天開始了。

有了國際換日線，還必須遵守一個規定，才能使地球上各地的日期不出現混亂，這就是：輪船或飛機從東向西越過國際換日線時，日期要增加一天，也就是要多撕一頁日曆；從西向東越過國際換日線時，日期要減一天。我們來舉一個例子。當英國倫敦（0° 經線處）是 1 月 1 日中午 12 點的時候，國際換日線（東、西經 180°）上正是午夜。但是，國際換日線兩側的日期是不

同的。國際換日線以西，由於它在 0° 經線的東面，時間
與 0° 經線處相比差 12 個小時，這時已經度過了 1 月 1
日，正是 1 月 2 日零點；而國際換日線以東，由於它在 0°
經線西面，時間與 0° 經線處相比也是差 12 個小時，這
時剛剛是 1 月 1 日零點。因此，國際換日線上這時雖然
都是午夜 12 點，但它正好是 1 月 1 日零點和 1 月 2 日
零點的分界線，線以西是 1 月 2 日，線以東是 1 月 1 日。
國際換日線兩邊的日期相差一天。這樣，當你旅行經過
這條界線時，必須是自西向東減一天，自東向西加一天。

如果麥哲倫航海時已經有了國際換日線，那他們在
太平洋上跨過 180° 經線時，就會在航海日曆上增加一
天，當他們回到西班牙時，日期就是 9 月 7 日而不是 9
月 6 日了。

有趣的是，世界不同時區進入新年的時間是不一樣
的。假若你在一天時間之內想過完 24 次新年，這是辦
得到的：當你在世界上第一個響起新年鐘的時區迎接了
新年之後，立即坐飛機以每小時 1700 公里的速度向你
所在出發點向西飛行，那麼你就能夠及時地在下一個時
區度過一個新年。以次類推，你不斷向西飛行，在一天
之內你就可以過上 24 個新年。

地球自轉所產生的奇妙現象

　　大自然中有許多怪現象，都是地球自轉創造的。比如，日月星辰從東方升起。此外，還有以下奇妙的現象：

一、赤道與兩極的重量差

　　由於地球不停地自轉，產生了一種慣性離心力作用，使地面上的重力加速度，因緯度高低不同而不同，赤道處的重力加速度最小，兩極地最大。同一物體在不同緯度上的重量也不同，在兩極重 1 公斤的東西，到了赤道就會少 5.3 克。

二、地球成了橢圓形

　　由於慣性離心力由兩極向赤道逐漸增大，其水平分力指向赤道。在這巨大的水平分力的作用下，海水從兩

極流向赤道，地球內部除地軸之外的所有質點，也都向赤道擠壓，形成了一系列與赤道平行的海嶺和山脈。久而久之，原始地球的赤道半徑就比兩極半徑大了，地球漸漸變成了橢圓形。

三、物體運動發生偏向

在北半球，北風會逐漸變成東北風，東風會逐漸變成東南風；而在南半球，北風漸漸變成西北風，東風變成東北風。從北極向赤道某點發射火箭，所需的時間假定是 1 小時，那麼，當火箭到達赤道時，準會落在預定目標以西約 1670 公里處，原預定目標竟向東轉了 15 度。

這是怎麼回事呢？這又與地球自轉有關，地球自西向東自轉，而地球上的物體傾向於保持原來的運動狀態，物體的運動就會產生偏向，結果就出現了風轉向，火箭擊不中目標的事。

四、高處下落物總是落在偏東處

有人在垂直的深井中做過試驗：自井口中心下落的物體，總是在一定深度撞在礦井的東壁上。這也是由於地球自西向東自轉，使得自高處降落的物體在落下時具有向東的自轉速度，結果必然要撞東壁了。

五、飛機向西比向東飛得遠

在排除風力影響因素的情況下，兩架飛機用同一速度從同一地點出發，分別向東、西各飛行一小時。結果發現，向西飛行的飛機比向東飛行的飛機飛得遠，誰幫了西行飛機的忙？是地球向東自轉玩的把戲。

為何我們感覺不到地球的自轉和公轉

　　地球每時每刻都在不停地運轉之中。地球自轉的線速度在赤道處為 1670 公里／小時，一天時間（24 小時）地球自轉一周，即赤道上的某一點隨著地球自轉轉了一周，其運轉里程等於赤道的周長，即大約 4 萬公里，這也就是所謂的「坐地日行八萬里」的來歷。在南、北緯 60° 附近，地球自轉的線速度減少到 837 公里／小時，如果一個人坐在這條緯線上，一天 24 小時下來，即使他一步不動也走了 20088 公里。地球在高速自轉的同時，又以每秒 30 公里的速度作飛快的公轉運動，撇開自轉不說，地球的公轉每天帶著我們「走」了 2592000 公里。可以說，地球上的每一個人、每一事物，每時每刻都在

隨地球高速地運行，但是我們自己卻絲毫感覺不到。這是為什麼呢？

因為地球自轉、公轉的速度都很穩定，幾乎是勻速運動；而且自轉、公轉方向是恆定的，不用拐彎。這種運動不像在地面行駛的汽車那樣，隨時都可能扭動方向盤轉方向，而且會因地面不平而顛簸抖動。因此，地球運動而產生的慣性力也很穩定，不會因地球顛簸抖動而使運動方向改變而產生變化。因此，地球上的萬事萬物，包括水、空氣、白雲以及一草一木，都處於這種恆定而快速的運動之中，並服從於一致的慣性力。所以，如果不是空氣的流動，處在這種高速運動中的每片樹葉都是靜然不動的。反過來說，樹木搖曳和旗子飄揚也不是因為地球的運動而產生的，而是由於空氣的流動，即風的作用而形成的。所以，我們從生活周圍的事物中，無法找到證明自身的高速運行的對照物，正如坐在快速前進的列車上，看到車廂裡的一切都是「靜止」的一樣。我們只能從太空中尋找對照物，從太陽和恆星的位置的相對變化來證明自己（地球）在運動。而太陽和恆星畢竟太大太遠，我們從它們的位置的緩慢變化中，感覺不出自己的快速運行。

極光是怎樣形成的

　　1950 年 2 月 20 日晚，在莫斯科的北方夜空，出現過一次罕見的北極光。只見兩條閃亮的弧光，如閃爍著紅光和綠光的長長綵帶，在空中飄飄蕩蕩，壯觀極了。

　　1957 年 3 月 2 日晚 7 點左右，中國東北邊疆黑龍江的漠河和呼瑪城一帶，也出現了幾十年少見的極光。當時，一團霞光突然升騰在空中，轉眼間，化作一條弧光，由北向南延伸，光芒四射，鮮艷奪目，持續了 45 分鐘之久。

　　1958 年 2 月 11 日，北半球發生了一次北極光，規模更大，中國、日本、英國、加拿大、美國等許多地區都有幸目睹了這次極光奇觀。

　　極光自古以來就引起了人們的注意，中國早在公元前 30 年，就有極光的記載。這創造了美麗奇景的極光

曾使古人惶惶不安，以為它是大難臨頭的前兆。在科學高度發展的今天，當然不會再有人相信極光是上帝神靈點的天燈，或鬼神引導死者靈魂步入天堂的火炬。極光究竟是怎樣形成的呢？它的創造者是誰？

原來，極光是由於高空稀薄的大氣層中帶電微粒起的作用。這些強大的帶電微粒來自龐大而熾熱的太陽，特別是在太陽活動最為頻繁的年份，從太陽黑子區發射出的帶電微粒流會更強。夜間，這些帶電粒子與大氣分子猛烈相撞，變成原子，並釋放出白天所獲得的能量，便形成了極光這種特殊的光輝。

極光之所以大多出現在南北兩極附近，是因為地球的磁極在那裡。而產生極光的又恰恰是帶電微粒，這些帶電粒子自然趨向磁極。

至於極光為何那樣絢麗多彩，這是由於在帶電粒子的作用下，空氣中各種不同的氣體所發出的光也不同，不僅使極光呈現出彩虹般的美麗色彩，而且使極光的形狀也五花八門：有的像幕帳，有的如圓弧，有的為帶狀，有的呈放射形……有時是緩緩運轉著的五彩光流，有時又是褶褶皺皺的光幕……令人如臨仙境。極光無愧為自然界最壯觀最絢麗的景致之一。

有趣的地球海陸
輪廓和分佈現象

　　攤開世界地圖細細察看，你會驚訝地發現，地球上的海陸輪廓和分佈有許多有趣的現象，令人不可思議。

一、大陸輪廓幾乎全是倒三角形

　　地球上絕大部分大陸都是南部較狹窄，呈尖狀，越往北越寬，一個個如同頂點朝南的「倒立」三角形。

　　南極洲的倒三角形狀不夠明顯，若以亞歐大陸為中心看，南極大陸也是「倒立」的，瀕臨印度洋的東南沿海岸線與緯線圈呈平行狀，構成三角形的一邊；西南極的南極半島呈尖狀，構成南極洲「倒立」三角形的頂點。

　　七大洲中，唯獨澳大利亞大陸是個例外。據說，大約在2億年前，這片大陸是從岡瓦納古陸分裂漂移而來

的，產生了旋轉，形成現在與其他大陸方向不同的「直立」三角形，三角形的頂點朝北。

二、半島方向大多朝南

地圖上最醒目的一些半島，如歐洲的四大半島——巴爾幹半島、義大利半島、伊比利亞和斯堪的納維亞半島；亞洲的三大半島——中南半島、印度半島、阿拉伯半島，以及著名的朝鮮半島和堪察加半島；北美洲的阿拉斯加半島、加利福尼亞半島、佛羅里達半島等，不知為什麼，統統向南伸入茫茫大海之中。

有人曾計算過，地球上各大陸凸出的半島中，朝南的數量約是朝北的兩倍。不僅一些大半島如此，連一些略小些的半島，如日本的波島、紀伊、房總等半島，也都朝南凸起，小半島中朝南凸起的數量也是朝北者的兩倍。

三、陸地與海洋背靠背

如果你用一根長針作直徑，從地球儀上任何一塊大陸的任何一點直插入地球儀的另一端，你會發現，這條「直徑」（即長針）的另一端十有八九都是海洋。

如亞歐大陸的背面是南太平洋；非洲大陸的背面是中太平洋；南美洲大陸的背面是西太平洋；北美洲的背

面是印度洋；澳大利亞大陸的背面是大西洋；南極大陸
的背面是北冰洋。這些現象是一種湊巧，還是另有什麼
原因？目前仍是個不解之謎。

CHAPTER 2

世界地理

全世界的主要語系和分佈情況

　　語言是人類最重要的交際工具，它是以語音為物質外殼，以詞彙為建築材料，以語法為結構規律而構成的體系。世界上的語言十分複雜，全世界究竟有多少種語言，說法不一。法國科學院推定為 2796 種；國際輔助語協會估計有 2500 至 3500 種語言。由於對某些語言，尤其是使用較少的語言沒有深入研究，很難斷定它們是不同語言，還是同一語言的方言。

　　語言的分類，一般採用兩種方法。第一是類型分類法，也稱「形態分類法」。根據語言語法的特點，將世界語言分為若干類型。如以詞的構造為主要標準，將人類語言分為詞根語、黏著語、屈折語和多式綜合語等；

或按語法意義的主要表達方式分成分析語、綜合語等。這種分類有助於瞭解語言的結構，但不能概括世界語言的多樣性，也沒有和語言的歷史比較起來研究。第二是譜系分類法，也稱「發生學分類法」。按語言的共同來源，按語言親屬關係的遠近，把世界的語言分為不同的語系、語族和語支。

印歐語系分佈在歐洲、亞洲、美洲等地。包括印度語、伊朗語、斯拉夫語、波羅的海語、日耳曼語、羅馬語、克爾特語、希臘語、阿爾巴尼亞語、亞美尼亞語等。

閃含語系分佈在阿拉伯半島、非洲東部和北部一帶。包括阿拉伯語、古希伯來語、豪薩語、古埃及語等。

芬蘭烏戈爾語系分佈在芬蘭、愛沙尼亞、俄羅斯、烏德穆爾特、科米、挪威、匈牙利等地。包括芬蘭語、愛沙尼亞語、匈牙利語等。

阿爾泰語系主要分佈在中國、土耳其、蒙古、亞塞拜然、土庫曼、哈薩克、吉爾吉斯、烏茲別克、伊朗、阿富汗。包括亞塞拜然語、土庫曼語、哈薩克語、吉爾吉斯語、土耳其語、日語、朝鮮語等（也有將日語、朝鮮語列為特殊語言）。

伊比利亞高加索語系分佈在高加索一帶。包括高加

索語、格魯吉亞語等。

漢藏語系主要分佈在中國和越南、寮國、泰國、緬甸、不丹、尼泊爾、印度等國境內。包括漢語、泰語、緬甸語、越南語、藏語等。

達羅毗荼語系分佈於印度南部、斯里蘭卡北部、巴基斯坦等地。包括泰米爾語、馬拉雅拉語、坎納拉語、泰盧固語和布拉灰語等。

馬來波利尼西亞語系，也叫「南島語系」，分佈在北自夏威夷，南至新西蘭，西自馬達加斯加，東至馬克薩斯群島的廣大地區。包括高山語、馬來語、印度尼西亞語、爪哇語等。

班圖語系分佈在非洲蘇丹以南的廣大地區，所屬語言中，最通行的是斯瓦希里語。

此外，還有美洲的印第安語言。

據統計，世界上使用語言人數最多的是漢語，約占世界人口的 23%；第二是英語（屬印歐語系日耳曼語族），占世界人口的 8% 多；第三是俄語（屬印歐語系斯拉夫語族），約占世界人口的 6%；第四是西班牙語（屬印歐語系羅馬語族），約占世界人口的 5%。

七大洲的名稱趣談

　　人類根據地球大陸結構的不同，把大陸分為七大洲，並賦予它們有趣的名稱。

一、亞洲

　　全稱亞細亞洲。源於古代閃米特語，意為世界東方日出地區。

二、歐洲

　　全稱歐羅巴洲。出自閃米特語，意為西方日落之地。

三、非洲

　　全稱阿非利加洲。出自希臘語，意為陽光灼熱的地方。

四、大洋洲

　　原名澳大利亞洲。出自西班牙語，意為南方大陸。

後來因該大洲多含太平洋島嶼，又稱「大洋洲」。

五、美洲

全稱亞美利亞洲。因義大利探險家亞美利哥而得名，後以巴拿馬運河為界，分為南北美洲。

六、南極洲

極為極點之意，地球最南邊的洲。七大洲中面積最大的是亞洲，有 4347 萬平方公里，幾乎占世界陸地面積的 1/3。它東抵地球的換日線——白令海峽，西鄰歐洲。東西跨度為 160 多度。

亞洲南北距離約 1 萬公里，北部的北地島地處北緯 80° 附近，常年冰雪覆蓋；南面努沙登加拉群島地處南緯 10°，終年熱帶氣候。

七大洲中最高的洲是南極洲，它的平均海拔約 2350 米，比號稱「高原大陸」的非洲還高出 3 倍。不過，如果覆蓋南極洲的 1800 多米厚的冰層融化的話，世界最高洲的殊榮就要讓位給平均海拔 600 米以上的非洲了。最低的洲是歐洲。它雖有歐洲屋脊阿爾卑斯山「撐腰」，無奈其餘部分太低，平均海拔才 300 米，是七大洲中的矮子。

拉丁美洲的地名趣談

拉丁美洲大陸上，現在有 30 個國家和 12 個未獨立地區。這些國家和地區的名稱，都有它有趣的來歷。瞭解這些名稱的淵源，常常是我們認識拉丁美洲的鑰匙。

第一類是以印第安語命名的。遠在西班牙殖民者一手持劍、一手持十字架踏上「新大陸」以前，勤勞勇敢的阿斯特克族印第安人就在墨西哥高原上開闢草原，進行創造性的勞動。

他們崇拜一個別名叫「墨西特里」的戰神，墨西哥就是由這個戰神的別名派生出來的，意即「墨西特里臣民居住的地方」。

居住在美洲文明的另一個發源地——秘魯的印第安人，早在曠古時代就掌握了開闢梯田、使用海鳥糞、種植玉米等農作物的技術，培育了舉世聞名的「玉米文

明」。

　不少學者認為，秘魯就是印第安克丘亞語中「玉米之倉」或「大玉米穗」的意思。列入這一類的國名還有 11 個。

　第二類是以西班牙語和葡萄牙語命名的，它們忠實地記載了殖民主義者當初探險的經過。15 世紀末到 16 世紀初，西班牙和葡萄牙的殖民者為黃金熱所驅使，相繼開始了對拉丁美洲的探險活動。這些入侵者儼然以新世界的發現者自居，給所到之處一一取名，一些拉丁美洲國家或地區的名稱便由此而來。

　1499 年，西班牙殖民者阿隆索·德奧赫達率領探險隊來到委內瑞拉西北部的馬拉開波湖附近時，看到這裡水光瀲灩、景色旖旎，當地印第安人的房屋多採用吊樓形式建築在湖面上，很像義大利著名的水上城市威尼斯，因而便把這個地方取名為委內瑞拉，意即「小威尼斯」。

　阿根廷當初是西班牙殖民者心馳神往的白銀王國，在古拉丁語裡，阿根廷就是「白銀」（Argentum）的意思，於是搏得了阿根廷這一美稱。巴西是拉丁美洲中唯一以葡萄牙語命名的國家。

　　1500 年 4 月 22 日，以葡萄牙航海家卡布拉爾為首的船隊在巴西上岸後，立即宣佈這塊土地為葡萄牙國王的屬地，並在岸邊豎起了十字架，起名為「聖十字地」。為尋求黃金而來的葡萄牙殖民者在這裡沒有發現黃金，卻發現了一種高大、名貴的紅木，從這種樹木中可以提煉出一種當時被認為十分貴重的紅色染料。巴西就是這種紅木的拉丁語譯音。諸如此類的國名還有 10 個。

　　第三類是以人名命名的，其中包括以爭取拉丁美洲獨立的英雄命名的國家。哥倫布是歐洲第一個航行到達美洲的航海家，被推崇為新大陸的發現者，哥倫比亞這一國名就是為紀念他而定名的。

　　聖文森特原是一位法國天主教神父的名字，因為哥倫布是在 1498 年 1 月 22 日即聖文森特節在此登陸的，所以將這個島取名為聖文森特。

　　據考證，加勒比海中的蒙特塞拉特、安提瓜、瓜德羅普等島嶼，都是依據西班牙著名教堂或修道院的名字命名的，至於這些名字原本是否是人名尚不能確定。

　　在長達 3 個世紀的殖民統治時期，拉丁美洲各國人民不畏強暴，奮起進行反抗，在抗爭中湧現了一批傑出的領袖人物，拉丁美洲的不少地名即來源於此。玻利維

亞就是為紀念 18 世紀初葉爭取獨立戰爭中的「解放者」
博利瓦爾而命名的。

　　第四類是以地理位置或其他特徵命名的。厄瓜多爾
地處北緯 1°26' 和南緯 5°01' 之間，赤道從首都基多城
北 24 公里處通過，因此得名厄瓜多爾，在西班牙語裡
即「赤道」之意。

「美洲」地名的由來

　　亞美利亞洲簡稱美洲，是義大利熱那亞著名的航海家克里斯托福羅·哥倫布於 1492 年發現的。可是它的名稱則取自另一位義大利佛羅倫薩的銀行家和航海家亞美利哥·韋斯普奇的名氏。

　　1492 年哥倫布率探險船隊，發現了美洲大陸，他自認為找到了海上到達亞洲的通路，找到了富饒的印度大陸和契丹。這消息在歐洲不脛而走，宛如一顆重型炸彈，劇烈地震動了當時歐洲社會的各個角落。人們也普遍地相信這是真的──他找到的是印度大陸。可是，這種說法在他第一次航行不久就開始有人懷疑，第一個提出論據並公開挑戰的是亞美利哥·韋斯普奇。

　　1499 年，亞美利哥·韋斯普奇隨西班牙的一支船隊到達南美洲的亞馬遜河口地區，以後他也曾多次到美

洲探航。經過考察，他覺得這不是哥倫布所說的印度大陸，而是一塊新的陸地。1505 年，他出版了一本書叫做《四次美洲航行》，記述了自己的航海見聞，從根本上否定了哥倫布的說法。

1507 年，德國人文主義地理學者馬丁・瓦德西穆勒重新出版了韋斯普奇的《四次美洲航行》，在書中的地圖上，他首次用「亞美利亞」給現在的巴西和其南邊的一大塊陸地命名。當時，美洲作為地名，僅指現在的巴西和阿根廷的部分沿海地區；後來，逐漸擴大為南美洲大陸；到了 16 世紀 30 年代至 40 年代，就成了整個新大陸的通稱。

雖然美洲是由「亞美利哥」一詞轉變而來已成為人們接受的傳統說法，可也有人不囿其說，大膽考證，並提出有關美洲一詞來由的新說法。

他們經過考據認為，1502 年，當哥倫布第四次到新大陸探航時，他在南美厄瓜多爾地區的海岸登陸。這個早以為狂熱的黃金欲熏得發昏的冒險家，一上岸，就迫不及待地向當地土著人詢問黃金和它的產地。人們告訴他，黃金產於一個叫做亞美利加或亞美利斯哥的山上，那裡還居住有叫做亞美利斯哥部落的土著人。哥倫布據

此發狂地沿海邊尋找亞美利加，並把這個消息帶回了歐
洲。這又引起歐洲社會的巨大震動，人們也就把厄瓜多
爾這一帶的沿海地區稱做美洲，不久把它擴大為整個大
陸的通稱。

　　他們的考據還認為，「亞美利哥」一詞的詞尾「利
哥」，來自當地印第安人的語言，它含有「偉大的」或
「傑出的」意思。

「太平洋」的名稱
是怎麼來的

　　葡萄牙航海家麥哲倫是世界上最先環繞地球航行一周的人。「太平洋」這一名稱就是麥哲倫的船隊在環球航行中取的。

　　公元 1519 年 9 月 20 日，麥哲倫率領西班牙探險隊從西班牙故都塞維爾動身，經直布羅陀海峽，沿大西洋向西，開始環球航行。一年多以後，他們的船隊來到了南美洲的南端。在沿南美海岸航行中，他們突然發現海岸陡分為二，麥哲倫便命令船隊頂著驚濤駭浪駛進了一個海峽。

　　經過 38 天的艱苦奮鬥，終於戰勝狂風巨浪，繞過險灘暗礁，平安地駛過了海峽。這時，一片茫茫無際的

大洋又在他們眼前出現了。海水浩浩蕩蕩，舒緩平靜。
麥哲倫的船隊又經過三個月的航行，從南美洲越過關
島，來到菲律賓群島。

081

　在航行中，始終沒有遇到一次大的風浪，海洋十分
平靜。隊員們高興地說：「這裡真是個太平之洋呀！」
從此，人們就把美洲、亞洲和大洋洲之間的一片大洋，
叫做「太平洋」。

世界的海陸分佈
有什麼特點

　　地球的表面大部分是海洋，陸地只佔一少部分。地表的總面積約 51000 萬平方公里，其中海洋的面積約 36100 萬平方公里，佔地表總面積的 70.8％；陸地面積約 14900 萬平方公里，佔地表總面積的 29.2％。也就是說，地球的表面七分是海洋，三分是陸地。

　　地表的陸地被海洋分隔成大小不等的許多塊，通常人們把海洋所包圍的大面積陸地叫做大陸，小塊陸地叫做島嶼。大陸及其附近的島嶼合稱為洲。這樣，地表的陸地共分 6 塊大陸：亞歐大陸、非洲大陸、北美大陸、南美大陸、南極大陸和澳大利亞大陸。地表的海洋是相互溝通的，形成了統一的世界大洋。根據海陸分佈形勢，

可把世界海洋分為四部分：太平洋、大西洋、印度洋和北冰洋。其間沒有什麼天然的界線，通常以水下的海嶺或某條經線為分界的。

世界海陸分佈形勢大致有以下特點：

一、陸地主要集中於北半球，這裡陸地占北半球總面積的 2/5，並在中、高緯度地帶幾乎連成一片。在南半球，陸地面積占 1/5，而且在南緯 56° ～ 65° 地帶幾乎全是海洋。但是，北半球的極地是一片海洋，南半球的極地卻是一塊大陸。

二、除南極大陸外，所有大陸都南北成對分佈：北美大陸和南美大陸、歐洲大陸和非洲大陸、亞洲大陸和澳大利亞大陸。每對大陸之間都是地殼破裂地帶，並形成較深的「陸間海」，其間島嶼眾多，火山地震活動頻繁。

三、大部分大陸的輪廓都是北寬南窄，呈倒置三角形。亞歐大陸、非洲大陸、南美大陸和北美大陸都非常典型；澳大利亞大陸也具有北部較寬的特點，只有南極大陸例外。

四、弧形列島和較大的島嶼多位於大陸東岸。亞歐大陸、北美大陸和澳大利亞大陸東岸都有一連串向東突

出的島弧，島弧外側為一系列深海溝。大陸西岸的島嶼
則不成弧形排列，較大的島嶼也少，唯一例外的是不列
顛群島。

　　五、大西洋東西兩岸的輪廓非常相似，海岸線彼此
幾乎吻合，彷彿是由一塊大陸分離開來似的。

世界陸地地形結構有什麼基本特徵

　　地球表面高低相差懸殊，形態變化多端。陸地地形通常分為平原、高原、盆地、山地和丘陵等類型。它們以不同的規模在各大陸上交互分佈，共同構成表面崎嶇不平的外貌。

　　陸地上的山地，有兩條巨大的高山帶：一條為環太平洋高山帶，沿太平洋兩岸作南北向分佈，即縱貫美洲大陸西部的科迪勒拉一安第斯山系和亞洲及澳大利亞太平洋沿岸與東亞島弧上的山脈。

　　另一條略成東西向，橫貫亞歐大陸中南部及非洲大陸北緣。其西部即阿爾卑斯山系及阿特拉斯山脈，進入亞洲後，與土耳其高原南北兩側的山脈、興都庫什山脈、

喀喇崑崙山脈、喜馬拉雅山脈等連為一體，又經中南半島西部山地，一直延續到巽他群島的南列島弧和環太平洋高山帶相接。兩大高山帶，是阿爾卑斯運動的產物，地勢高峻、雄偉，多火山、地震。

　　陸地上的平原，一般分佈在大陸的中部，其東西兩側多被高山環繞，形成南北縱列的三大地形帶，美洲大陸最顯著，澳大利亞大陸也有類似的地形結構。但在亞歐大陸上，平原主要展現在東西向高山帶以北，如中歐平原、東歐平原、西西伯利亞平原、土蘭平原等；南面，平原多為大河沖積而成，並分佈於高原之間，如美索不達米亞平原、印度河—恆河平原，以及中國的東北平原、華北平原、長江中下游平原等。

　　陸地上還廣泛分佈著大片隆起的高原，它們一般以前寒武紀古陸塊為核心，地殼相對較穩定，地面起伏不大。如非洲大陸的高原，亞歐大陸的中西伯利亞高原、蒙古高原、阿拉伯高原、德干高原，南美大陸的巴西高原，澳大利亞大陸的西北部高原等。

　　南極大陸與非洲大陸相似，也以高原為主，但其上覆有巨厚的冰層。此外，在陸地上還有一些鑲嵌在年輕山脈之間的高原，地殼活動比較強烈，海拔較高，地面

起伏也很大，如青康藏高原、安納托利亞高原、伊朗高原，以及分佈於科迪勒拉─安第斯山系中的一些山間高原等。

087

什麼是「地理大發現」

「地理大發現」是西方史學對 15 到 17 世紀歐洲航海者開闢新航路和「發現」新大陸的通稱。

在 14 和 15 世紀，地中海沿岸一些城市出現了資本主義生產的最初萌芽，南歐一些國家，手工業及商業貿易有了相當程度的發展。一些商人渴望向外擴充貿易，獲取更多財富。

但從 15 世紀中葉起，土耳其奧斯曼帝國佔據東西方交通往來的要地——君士坦丁堡及東地中海和黑海周圍廣大地區，對過往商人橫徵暴斂，多方刁難，加之頻繁的戰爭和海盜活動，從而阻礙了西歐與東方陸上貿易的通道；而由東方經由波斯灣—兩河流域—地中海和經由紅海—埃及—地中海的兩條海上商路又完全為阿拉伯人所操縱。因此，歐洲商人和封建主為了獲得比較充裕

的東方商品和尋求更多的交換方法——黃金,並免受土耳其人、阿拉伯人及義大利人的層層盤剝,便急於探求通向東方的新航路。

同時,由於西方各國在生產技術方面已有很大進步,指南針也已從中國傳到了歐洲,航海術的提高,多桅快速帆船的出現,利用火藥製造大炮和輕便毛瑟槍的出現,以及地圓學說獲得承認等,都為遠洋探航提供了物質條件和思想準備。

西班牙和葡萄牙是當時歐洲最強盛的封建中央集權制國家,以其有利的地理位置,逐漸成了探索新航路的主要組織者。

一般來說,「地理大發現」主要指以下幾大事件:

一、新航路的發現

從 15 世紀起,葡萄牙人不斷沿非洲西海岸向南航行,佔據了一些島嶼和沿海地區,掠奪當地財富。1487—1488 年葡萄牙人巴托羅繆‧迪亞士到了非洲南端的好望角,成為探尋新航路的一次重要突破。

葡萄牙貴族瓦斯哥‧達‧伽馬奉葡王之命於 1497 年 7 月 8 日從里斯本出發,繞過好望角,沿非洲東海岸北上,之後由阿拉伯水手馬季得領航橫渡印度洋,

於 1498 年 5 月 20 日到達印度西海岸的卡里庫特，次年載著大量香料、絲綢、寶石和象牙等返抵里斯本。這是第一次成功繞非洲航行到印度，被稱之為「新航路的發現」。

二、新大陸的發現

在葡萄牙組織探尋新航路的同時，西班牙也力圖尋求前往印度和中國的航路。1492 年 8 月 3 日義大利人克里斯多福羅‧哥倫布奉西班牙國王之命，從巴羅斯港（古都塞維爾，今稱塞維利亞）出發，率領探險隊西行，橫渡大西洋。

同年 11 月 12 日，到達了巴哈馬群島的聖薩爾瓦多島（華特林島），之後又到了古巴島和海地島，並於 1493 年 3 月 15 日回航至巴羅斯港。

此後哥倫布又三次西航，陸續抵達西印度群島、中美洲和南美大陸的一些地區，掠奪了大量白銀和黃金之後返回西班牙。這就是人們所稱謂的「新大陸的發現」。

三、第一次環球航行

1519 年 9 月 20 日，葡萄牙航海家斐南多‧麥哲倫奉西班牙國王之命，率探險隊從巴羅斯港出發，橫渡大西洋，沿巴西東海岸南下，繞過南美大陸南端與火地島

之間的海峽（後來稱為麥哲倫海峽）進入太平洋。1521
年3月到達菲律賓群島，麥哲倫死於此地。

其後，麥哲倫的同伴繼續航行，終於到達了「香料
群島」（今馬魯古群島）中的哈馬黑拉島。之後，滿載
香料又經小巽他群島，穿過印度洋，繞過好望角，循非
洲西海岸北行，於1522年9月7日回到西班牙，完成
了人類歷史上第一次環球航行。

亞非兩洲的分界線：
蘇伊士運河

　　蘇伊士運河位於埃及北部的蘇伊士地峽，起自地中海的塞得港，向南流經提姆薩赫湖和苦湖，至陶菲克港入紅海，是亞、非、歐三大洲水路交通的樞紐，是連接西歐和印度洋之間的一條海上捷徑。從大西洋經蘇伊士運河到印度洋的航程，比起繞經非洲大陸南端的好望角來，縮短了 8000～10000 公里。

　　開鑿蘇伊士運河的計劃者和組織者是法國人勒塞普（1805～1894）。勒塞普曾出任法國駐埃領事。1859年4月25日，運河破土動工；1869年8月18日，地中海和紅海被溝通；1869年11月17日，蘇伊士運河正式通航，歷時近11年。

　　運河西岸，是埃及著名的運河三城——塞得港、伊斯梅利亞城和蘇伊士城，都是人口聚集的商業和工業中心。甜水水渠引來了尼羅河水，水渠幾乎與蘇伊士運河平行，被稱為「小運河」。渠上白帆點點，往來穿梭，渠旁農田樹蔭，鬱鬱蔥蔥，構成了一幅別緻的圖畫。運河東岸，則是另一番景象，絕大部分地段是一片黃色沙海，渺無人煙。這是尚待開發的西奈半島。

　　蘇伊士運河現在已成為世界上最繁忙的水道，歐亞兩洲間的海運貨物大部分要從這裡經過。

　　蘇伊士運河也在不斷的現代化，不僅加寬和加深了運河河道，以便讓更大更多的船隻通過，而且建立了新的航道管理系統。在伊斯梅利亞蘇伊士運河管理局大樓的最高層，設置了電子航道管理系統的中央控制室。站在成排的電視螢光幕前，運河各段的情況和在運河上航行的船隻一覽無遺，值班人員坐在螢光幕前不時發出有關的指示。

　　南行的輪船從塞得港徐徐駛進蘇伊士運河，航速一般限制在每小時 13 ～ 14 公里，在運河的航行時間一般是 12 小時到 13 小時。加上在運河中停泊、等待的時間，通過運河共需 24 ～ 26 小時，到陶菲克港，就走完

了173公里的運河全程，進入紅海的蘇伊士灣了。

　　蘇伊士運河扼歐、亞、非三洲交通要衝，溝通地中海和紅海，成為從大西洋經地中海到紅海、印度洋和太平洋航線的咽喉要道。憑藉它得天獨厚的戰略地理位置，蘇伊士運河已成為世界海運樞紐，是一條具有重要經濟價值和戰略意義的國際航道。

亞美兩洲的分界線：白令海峽

095

　　白令海峽地處太平洋與北冰洋之間。亞洲大陸東北端的傑日尼奧夫角和北美洲大陸西北端的威爾士王子角，把大洋「擠」成了這條窄縫，兩地之間最近距離僅35公里，乘坐雪橇不到4小時就可以到達對岸。兩「角」夾峙的白令海峽中，有兩個分別屬於俄、美的小島，換日線便從兩島之間通過，因此，在兩個相距僅有4公里的地方，卻隔著一天的日期。

　　白令海峽水深僅42米。據考證，1萬年前這裡曾是連接亞、美大陸的一座「陸橋」。人類和許多動植物，早先曾通過這裡移居到美洲，而美洲的動物也從這裡到亞洲「串門」。

　　威爾士角所在的阿拉斯加半島，是白令於 1741 年發現的，以後俄國皮毛商人還在這裡建立了村落。但是，這片當年十分荒涼的冰天雪地，被沙皇於 1867 年以 720 萬美元的代價賣給了美國。現在的阿拉斯加州，已經成了「能源的源泉」而身價倍增。

　　在白令海峽一帶地區，歷史上曾留下過許多勇敢者的足跡。1725 年 1 月 28 日，任俄國海軍上校的丹麥人白令，受俄皇彼得一世之命，前來探險考察。

　　他花費了 17 年時間，克服了重重困難，查清了亞、美大陸之間並非是陸地相連，而是中間隔著一條海峽，證明了通過這裡是大西洋到太平洋的最短航線。但是，這個年近 60 歲的探險者在完成了任務之後，卻被困在了一個荒島上，同行的有幾個人被狐狸包圍咬死了，他自己也死於壞血病。白令海峽就是為了紀念這位科學先驅者而命名的。

南北美洲的分界線：巴拿馬運河

097

　　1879 年，法國全球巴拿馬洋際運河公司從當時統轄巴拿馬的大哥倫比亞聯邦取得運河開鑿權，並於 1880 年 1 月 1 日正式著手開鑿。運河工程由曾經負責修建蘇伊士運河的勒塞普主持。

　　在動工典禮上，勒塞普 7 歲的女兒費爾南迪挖了第一鍬土。但是，由於巴拿馬運河地峽自然條件與蘇伊士地峽不同，這裡是個潮濕而多山的地帶，開鑿工程遇到了意想不到的困難，只能半途而廢了。

　　1902 年，美國以 4000 萬美元的代價收買了法國的巴拿馬運河公司，取得了巴拿馬地峽 10 英里（約等於 16.1 公里）寬的狹長地帶的永久租借權和在這一地帶內

開鑿運河、修建鐵路以及駐軍設防的權利。1904 年，美國繼續巴拿馬運河的開鑿工程，他們接受法國公司失敗的教訓，決定修建水閘式運河。修建運河除從當地及西印度群島僱用工人外，還從非洲、南歐以及東南亞、中國雇來數萬勞工。工程歷時 10 年，耗資 38700 萬美元。1914 年 8 月 15 日，萬噸蒸汽貨輪「埃朗貢」號首次通過運河。1920 年 7 月，美國宣佈運河供國際使用。

由於巴拿馬地峽地勢起伏，山巒重疊，同時運河所連接的大西洋和太平洋水位相差也較大，高潮時可差 5 ～ 6 米，因此必須建水閘式運河，船隻必須借助運河內水閘水位的升降和河岸上電氣機車的曳引，翻上爬下。輪船從太平洋一側的巴拿馬灣的巴爾博亞港入河，航行 12.9 公里，到達第一組水閘——米臘弗洛雷斯水閘。船隻來到水閘跟前時，閘門打開，船駛入閘內後，閘門便關閉起來。這時河岸兩邊的電氣機車緩緩拖著輪船爬坡。這樣連升兩級，水位升高 16 米多。船隻經過米臘弗洛雷斯湖，來到了佩德羅・米格爾水閘，水位又升高 9.5 米多。到此船隻進入運河本流。美國人為了紀念 1907 ～ 1913 年間主持這段開鑿事務的蓋拉特，把它命名為蓋拉特航道。船隻從這段長 13 公里的航道中駛

過後，在甘博亞附近駛進了長 38.5 公里的加通湖。遼闊的湖面碧波蕩漾，湖中有許多美麗的小島，還有種奇異的浮島。在加通湖中航行約 3 小時，輪船來到加通水閘，這是全航程中水位最高的地方，也就是運河的頂點。這組水閘共有 3 個部分，猶如 3 個高大的台階。船隻經過這 3 個閘門，水位降低 26 米，出了加通水閘，水位與大西洋海面齊平。從這裡航行 10 公里，就到達了運河的大西洋入口處，即加勒比海利蒙灣內的克利斯托巴爾附近。運河全長 81.3 公里，一般船隻通過運河約需 16 小時。運河上航行設備齊全，多數船隻可日夜通行。

在巴拿馬運河鑿通前，大西洋和太平洋間的航行必須繞道南美大陸南端狹窄而曲折的麥哲倫海峽或常有暴風雨的合恩角，運河的開通把兩大洋溝通起來，使兩洋沿岸的航程縮短約 14500 公里，並減少了航行中的危險性。

航路的縮短大大便利了海上交通和國際貿易，每年通過巴拿馬運河的貨物常達 4000 餘萬噸，占世界海上貿易總額的 6% 左右。目前一年有 60 多個國家的 1.4 萬至 1.5 萬艘輪船通過運河，平均每天 40 多艘。

穿越多個重要地理區域的經緯線

一、30°N

地球最高峰——珠穆朗瑪峰。

最低最鹹的內陸鹽湖——死海。

最鹹的海——紅海。

最大的沙漠——撒哈拉沙漠。

最深的大峽谷——雅魯藏布大峽谷。

大江大河入海口——長江、尼羅河、密西西比河、阿拉伯河（幼發拉底河、底格里斯河）。

著名的景觀——黃山、廬山、長江三峽、錢塘潮、神農架。

上海，四川盆地。

遠古文明──古埃及、古巴比倫、古印度。

古文明遺址──金字塔、馬雅遺址，巴比倫空中花園，三星堆。

石油儲量最多的地區──中東地區等，都處於30°N附近。

二、40°N

歐洲南部三大半島──伊比利半島、義大利半島、巴爾幹半島。地中海，土耳其海峽，里海，卡拉庫姆運河、阿姆河，帕米爾高原、塔里木盆地，羅布泊，長城東西端──嘉峪關、山海關，玉門油田，紐約、北京等，都處於40°N附近。

三、北迴歸線

撒哈拉沙漠，紅海，大河入海口──印度河、恆河，廣州，汕頭，臺灣，夏威夷，墨西哥高原，古巴等，都位於北迴歸線附近。

四、赤道

剛果盆地，維多利亞湖，吉力馬札羅山，馬來群島，新加坡，亞馬遜平原，亞馬遜河入海口等，都位於赤道附近。

五、南迴歸線

南非高原，馬達加斯加島，維多利亞沙漠，大分水嶺，大堡礁，秘魯寒流，伊泰普水電站，聖保羅，里約熱內盧等，都位於南迴歸線附近。

六、北極圈

冰島（過其北部海域），斯堪的納維亞半島，鄂畢河（入海口），葉尼塞河，勒拿河，白令海峽，格陵蘭島等，都位於北極圈附近。

七、30°E

東歐平原、多瑙河入海口、黑海、土耳其海峽（伊斯坦布爾）、尼羅河入海口（亞歷山大港）、坦噶尼喀湖、贊比西河中游，都位於 30°E 附近。

八、90°E

阿爾泰山中段、天山東端、吐魯番盆地（艾丁湖）、羅布泊、阿爾金山中段、唐古拉山中段、岡底斯山東端、拉薩（羊八井）、恆河三角洲、達卡，都位於 90°E 附近。

九、120°E

呼倫湖、貝爾湖、山海關、渤海、黃河入海口、長江入海口、杭州、杭州灣錢塘潮、高雄，都位於 120°E

附近。

十、120°W

大熊湖、落磯山中段、內華達山、舊金山、洛杉磯，都位於 120°W 附近。

有趣的國家別稱

　　世界上，許多國家都有別稱。如日本被稱為「櫻花之國」，泰國被稱為「千佛之國」，荷蘭被稱為「風車之國」，這些都是大家比較熟悉的。下面介紹一些大家可能不很熟悉的國家的別稱。

一、玫瑰之國

　　保加利亞索菲亞東南 40 多公里處，有一綿延數十公里的狹長山谷。這裡冬無嚴寒，夏無酷暑，水足土肥，景物宜人。尤其是每年五六月間，香風陣陣，芳氣襲人。這就是保加利亞著名的玫瑰谷。玫瑰谷裡真是花的世界。這裡共有 7000 多種玫瑰，主要種粉紅色和白色兩種含油玫瑰。

　　玫瑰花可以提煉玫瑰油，玫瑰油是製造高級香水的原料，還可以製造芳香的果汁和糖果。

玫瑰谷流傳著這樣一個故事：數百年前，印度克什米爾一個美貌出眾的貴婦人，常常因為身上沒有香味而苦惱。她很愛玫瑰花的香味，每次洗澡都在池裡放很多玫瑰花。一次，因為放入了含油的玫瑰花，溫熱的水中漂浮著一層油，濃香不散。從此，人們就利用含油的玫瑰花，煉取玫瑰油。

玫瑰花平均3000公斤才能煉出1公斤玫瑰油。1公斤玫瑰油價值相當於1.52公斤的黃金。保加利亞的玫瑰油產量占世界第一位，有「玫瑰之國」的美名。

二、軟木和花園之國

葡萄牙是馳名世界的「軟木之國」。由於溫暖的地中海氣候和土壤適宜，使它成了軟木高度集中的地區。這個面積不到9萬平方公里的國家，每年生產世界半數以上高質量的軟木，是世界最大的軟木出口國。葡萄牙南部廣大地區遍佈軟木林，面積達75萬多公頃。這重要的自然資源在葡萄牙國民經濟中發揮著巨大的作用。每到夏季，一般是5到8月，是木栓層大量增生的季節，也是採剝栓皮最好的季節。

葡萄牙生產軟木歷史悠久，有世界上最大的一支熟練的採剝栓皮的隊伍。

　　葡萄牙還有「歐洲濱海花園」之稱，90％以上的土地被森林、葡萄園、百花園佔去。在這裡有2700種樹木、叢林、奇花異草，有來自北非的花卉，此外還有100種獨一無二的葡萄牙特有的植物。在這兒，花店完全是多餘的。

三、男人「統治」之國

　　葡萄牙是一個男人「統治」的國家。從前在葡萄牙，無論在城市或鄉村，都可以看見一種景象：婦女頭上頂著異常沉重的傢俱、雜物和菜筐等，可是丈夫卻洋洋得意地空著手騎在驢上，或者是將雙手插入衣袋，大搖大擺地與其妻子並肩走著。妻子不得丈夫允許，不得在銀行開立帳戶。她們沒有丈夫的同意簽證，不能領取旅行通行證。

　　有這樣一個笑話，也是事實：某個高級官員，因汽車肇事，喪失知覺住進醫院，不能為他的妻子在申請書上簽字，以至於他的妻子無法領取通行證前往醫院看望她的丈夫。

四、低地之國

　　荷蘭是世界上海拔最低的國家。荷蘭有一句諺語：「上帝造海，我們造陸。」荷蘭的面積有伸有縮。它的

縮，都是被海侵入國土，大部分都在海平線以下，低於
海平面的土地占總面積的 1/4。1282 年，由於海水突破
堤防，北海和伏列沃湖連成一片，形成了現在荷蘭北部
的須德海。

荷蘭的西、北邊瀕臨北海，北方以多風暴著名，風
急浪高，常常引起海水內侵，如 1953 年 1 月 31 日的一
次風暴，使荷蘭全國 1/10 的陸地淹沒在洪水之中。荷蘭
屢遭水災，治水在荷蘭既是保障人民生命財產的需要，
又是向海索取土地的手段，因此有著特殊重要的意義。
荷蘭西北阿姆斯特丹附近的哈勒姆，原是水深近 5 米的
湖泊，經 13 年的排水填築，才建設起今天荷蘭的第六
大城市。

五、鯡魚之園

鯡魚是荷蘭聞名的小吃之一，但鯡魚也是荷蘭進行
殖民掠奪的標誌，是其掠奪史中開宗明義的第一章。遠
在 1384 年，一個叫博克爾的荷蘭人發明了醃漬鯡魚的
辦法，於是捕鯡魚業頓然興旺起來。他們在魚汛期大量
捕獲，儲存，待到冬季高價銷售國外。當時北海一帶不
產鯡魚，盛產鯡魚的是波羅的海沿岸，於是荷蘭便以武
力強佔了波羅的海沿岸、瑞典南部的斯霍恩島。這是荷

蘭的第一個殖民地。所以，有人把荷蘭叫做是「建築在鯖魚骨上的國家」。

六、郵票之國

聖馬利諾是歐洲最小的國家。它周圍都被義大利的領土包圍著。是歐洲建立共和政體最早的國家。13 世紀時，就確立了議會制度。

聖馬利諾的歷史是古老的。公元 4 世紀初，一個名叫利諾的石匠，為逃避封建主的壓迫，來到這裡，建立公社，不久形成了國家。居民們為了紀念他們的創始人，就定國名為「聖馬利諾」。

這個國家沒有軍隊，只有人數不多的警察來維持全國秩序，也沒有消防部門，如發生火災，就請義大利消防隊來救火。

聖馬利諾風景優美，遊人很多。它發行的彩色精美郵票馳名世界。國家的重要收入來源，主要是依靠遊覽業和發行郵票。首都聖馬利諾位於俯瞰全國的山峰上，每天早晨首都的報時大鐘響起了洪亮的鐘聲，通告全國人民開始新的一天的生活。

七、賭博之國

摩納哥是世界上面積最小的國家之一，同時也是世

界上人口密度最大的國家，每平方公里有 15000 多人。

摩納哥由於山脈的屏障，氣候溫和宜人。它是歐洲一個著名遊覽勝地，遊覽業是國家最主要的收入來源。

摩納哥的蒙特卡羅是世界聞名的大賭場。各國的富貴豪紳經常到那裡大賭，一擲千金。這個賭場為摩納哥提供了重要的外匯收入。

八、磷酸鹽礦之國

諾魯是一個小國，按人口計算的國民生產總值卻達 25000 美元，居於世界之冠，是美國的 3 倍多。磷酸鹽礦的巨額收入，促進諾魯社會福利事業的迅速發展。全國普遍實行住房、電燈、電話、醫療免費。

九、「白金之國」

這裡所謂的「白金」其實就是棉花！

烏茲別克自然資源豐富，是獨聯體中亞五國中經濟實力較強的國家，國民經濟支柱產業是「四金」：黃金、「白金」（棉花）、「黑金」（石油）、「藍金」（天然氣）。棉花年產量占蘇聯棉花產量的 2/3，居世界第四位，被譽為「白金之國」。

十、千島之國

印度尼西亞是東南亞的群島國,它橫貫赤道,領土有 190 多萬平方公里。論面積,居亞洲第四位。可是,它的島嶼數卻名列世界前茅,達 13667 個,素有「千島之國」的稱號。實際上,它是名副其實的「萬島之國」!僅國內的千島縣,一個縣就有島嶼 1000 多個。廖內省則更多,達 2500 個。

無論就島嶼總數來說,還是從群島的總面積來看,印度尼西亞的「千島之國」之名,都是名不虛傳。由於島多而分散,全國重要的海和海峽就有十多個,因此,印尼又被稱為世界最大的「海國」。

世界上有哪些島國

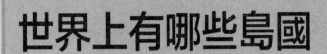

據有關資料,目前世界上獨立的島國。它們是:

一、亞洲——巴林、塞浦路斯、印度尼西亞、日本、馬爾地夫、菲律賓、東帝汶、新加坡、斯里蘭卡。

二、非洲——維德角共和國、科摩羅、馬達加斯加、模里西斯、塞席爾、聖多美和聖多美普林西比。

三、拉丁美洲——巴哈馬聯邦、巴貝多、古巴、多明尼加共和國、格瑞那達、海地、牙買加、特立尼達和托巴哥、多明尼加聯邦、聖盧西亞、聖文森及格瑞那丁、安提瓜和巴布達。

四、歐洲——冰島、愛爾蘭、馬爾他、英國。

五、大洋洲及太平洋島嶼——斐濟、諾魯、新西蘭、巴布亞新幾內亞、東加、西薩摩亞、所羅門群島、吐瓦魯、吉里巴斯、瓦努阿圖。

有多個首都的國家

世界上大多數國家都是一個首都，但也有少數國家，一國有兩都或三都，甚至四都。

一、世界上有兩個首都的國家

世界上有兩個首都的國家是玻利維亞共和國和荷蘭王國。

玻利維亞法定首都是蘇克雷，最高法院設在此；行政首都是拉巴斯，中央政府設在此。

荷蘭法定首都是海牙，王宮和中央政府均在此，國際法院也設在這裡；行政首都是阿姆斯特丹，它是荷蘭經濟、文化中心，也是歐洲著名文化藝術城。

二、世界上有三個首都的國家

世界上有三個首都的國家是南非共和國。它的三個首都分別設在三個省的省會。行政首都設在德蘭士瓦省

的比勒陀利亞，是全國政治、經濟、交通中心，人口約
58 萬；司法首都設在奧蘭治自由邦的布隆方丹，；立法
首都設在開普省的開普敦，是南非的第二大港口。

三、世界上有四個首都的國家

　　世界上有四個首都的國家是沙烏地阿拉伯王國。它
的四個首都是：行政首都利雅德，是全國政治、商業、
教育中心，全國第一大城市；外交首都吉達，為全國第
二大城市，國家的主要政府機關與外交使領館都駐在此；
宗教首都麥加，伊斯蘭教是該國的國教，而麥加為伊斯
蘭教的第一聖城，是世界穆斯林朝拜的中心，故該國定
麥加為宗教首都；避暑首都塔伊士，該國氣候炎熱乾燥，
而塔伊士坐落在海拔 1500 米的蓋茲旺山上，氣候涼爽，
每逢夏日，王室和政府均遷此辦公，成為該國的夏都。

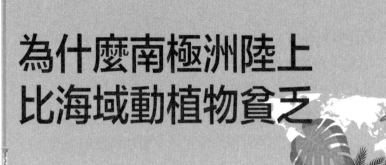

為什麼南極洲陸上
比海域動植物貧乏

　　地理常識豐富的人都知道，南極洲生物資源的突出
特點是陸上生物極少，而海裡和沿海地帶較多。

　　陸上植物以低等的苔蘚、藻類為主，大多靠孢子繁
殖；高等植物極少，僅在南極半島上約有 10 種矮小的
顯花植物。陸上動物也很少，沒有高等哺乳動物，僅有
一些軟體蟲、低等甲殼動物和無翼昆蟲等。沿海及島嶼
動物種類和數量均較多，除昆蟲外，還有大量企鵝、鳥
類和海獸等；周圍海域中生物更多，除浮游生物外，還
有許多魚類、獸類等。

　　南極洲陸上生物資源之所以貧乏，主要原因是陸地
上自然條件的嚴酷性，特別是氣候嚴寒，絕大部分地區

為深厚的大陸冰川所覆蓋，加上漫長的極夜，長時期見
不到陽光，營養物質缺乏，又沒有土壤等。

　　南極海域由於夏季長明不夜，水溫升高，海水中營
養鹽類比較豐富，浮游生物大量繁殖，為南極磷蝦及其
他海洋動物提供了較豐富的餌料，而磷蝦又是鯨、企鵝
等動物的基本食物，因此，這裡的海洋生物資源豐富。

去南極考察應選擇什麼時間

　　由於自然條件和技術條件的限制，並不是任何時間都宜於去南極考察的。赴南極進行探險、考察的時間應選擇北半球的冬季，因為此時南極地區正值夏季，是極晝或白天最長、氣溫最高的季節。

　　盛夏季節在南極大陸周圍沿海地區最高氣溫可達7℃～8℃，最低也有－17℃，比1月的北京還要暖和；同時，南極洲的夏季多晴朗天氣，風和日麗，是進行科學考察的「黃金季節」，一年一度的物資供應、人員更換等，主要在這個時節進行。

一些國名、地名的含義

　　世界上一些國家和地區的名字往往有特殊的含義，研究起來非常有趣，比如——

　　阿富汗：騎士的國土。

　　阿拉伯葉門共和國：「葉門」意為「右邊」，象徵吉祥昌盛。

　　阿曼：船。

　　巴基斯坦：純潔。

　　巴勒斯坦：移民。

　　巴林：兩個海。

　　朝鮮：晨曦清亮之國。

　　菲律賓：西班牙國王腓力普二世名。

柬埔寨：高棉人傳說中的祖先名稱。

科威特：堡壘。

寮國：人類。

黎巴嫩：積雪的山峰。

馬爾地夫：宮殿之島。

馬來西亞：黑暗的土地。

蒙古：我們的火。

緬甸：遙遠的谷地。

尼泊爾：中間的國家。

日本：日出處之國。

斯里蘭卡：光明富饒的土地。

泰國：自由之國。

土耳其：突厥人的國家。

汶萊：沙羅門果。

新加坡：獅子城。

敘利亞：高地。

伊拉克：海岸。

伊朗：富裕。

印度：海。

約旦：漲落。

阿爾及利亞：群島之國。

埃及：黑色的土地。

衣索比亞：曬黑了的面孔。

貝南：奴隸。

多哥：礁湖岸。

維德角：綠角。

吉布地：沸騰的蒸鍋。

幾內亞：黑人國。

幾內亞比索：「向前走」的黑人國。

加彭：葡萄牙水手穿的一種服裝名。

辛巴威：石頭城。

喀麥隆：河蝦。

葛摩：月亮。

肯亞：白山。

賴索托：低地。

賴比瑞亞：黑人獲得自由的土地。

馬拉威：大水。

模里西斯：島嶼。

茅利塔尼亞：黑皮膚的人。

摩洛哥：被裝飾起來的。

莫三比克：偉大的受貢者。

尼日：流動的水。

塞拉利昂：獅子山。

蘇丹：黑人之國。

索馬利亞：奶牛或山羊的乳汁。

坦桑尼亞：荸薺彙集的湖和黑人國家的領土。

突尼西亞：修士住的地方。

阿爾巴尼亞：山國。

奧地利：東方王國。

保加利亞：叛逆者。

比利時：勇敢。

波蘭：平原。

丹麥：多沙灘的國家。

法國：自由的國家。

法羅群島：羊島。

梵蒂岡：占卜之地，先知之地。

芬蘭：湖沼之國。

荷蘭：森林之地。

捷克：起始者。

斯洛伐克：光榮。

列支敦斯登：發亮的石頭。

盧森堡：小的城堡。

馬爾他：避難所。

摩納哥：僧侶。

挪威：北方航道。

瑞典：人的王國。

西班牙：埋藏。

希臘：希倫人居住的地方。

匈牙利：十個部落。

阿根廷：銀子。

巴貝多：長滿鬍子的。

巴拉圭：海水的源泉。

巴拿馬：魚群。

巴西：紅木。

秘魯：玉米之倉。

玻利維亞：反殖民鬥爭領袖的名字。

多明尼加：神聖的星期日。

厄瓜多爾：赤道。

哥倫比亞：探險家、航海家哥倫布的名字。

格瑞那達：石榴。

122

格陵蘭：綠色的土地。

蓋亞那：我們受人尊重。

海地：高地。

洪都拉斯：深水。

加拿大：村落。

尼加拉瓜：森林之國。

瓜地馬拉：腐爛的樹木。

委內瑞拉：一大片水。

牙買加：泉水之島。

智利：寒冷的土地。

澳大利亞：南方的。

斐濟：最大的島。

諾魯：舒適的島。

東加：神島。

新西蘭：新的海中陸地。

誤會得來的國名

世界上有許多國家的國名，是從誤會中得來的。例如，下面的一些國家：

一、幾內亞

從前，一位法國航海家到達西非海岸。他上岸後問一位當地婦女：「這是什麼地方？」那位婦女不懂法語，用土語說了聲「幾內亞」，表明自己是婦女。

這航海家以為她說的是地名，就在海圖上寫下「幾內亞」。後來，「幾內亞」就成了國名（「幾內亞」翻譯成阿拉伯語就是「黑人國」）。

二、塞內加爾

15世紀時，葡萄牙一位航海家來到這裡，遇上一條大河。他問船上一位當地的漁夫：「這條河叫什麼？」漁夫以為他問的是這條是什麼船，就回答說：「薩納

加。」意思是獨木船。塞內加爾的國名就是從「薩納加」演變來的。

三、加拿大

16 世紀，法國一探險家來到這裡。他問當地一位酋長：「這塊地方叫什麼名稱？」酋長揮舞雙臂，大聲回答：「加拿大。」

他指的只是附近一個由棚屋組成的村落的名稱。可是，探險家卻以為他指的是整個大陸。於是「加拿大」由此成了國名。

世界上
有哪些國際河流

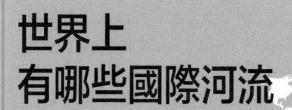

　　所謂國際河流,是指來源於自然的水(包括雨水、地下水、冰雪融水)所形成的河流,最終出水口與海洋(或內海、內陸湖泊)直接相連,而流域面積屬於兩個或兩個以上國家的河流。

　　據估計,全世界的國際河流大約有 200 條,其中 148 條流經兩個國家,31 條流經三個國家,21 條流經四個以上的國家。

　　如按面積統計,流域面積大於 10 萬平方公里以上的國家河流共有 52 條,其中位於非洲的有 17 條,美洲 14 條,亞洲 16 條,歐洲 5 條。

　　以國家論,全世界約有近 1/4 國家的整個國土都屬

於國際河流流域，1/2 以上國家一半多的國土是國際河流流域；而同時約有 1/6 國家沒有國際河流，這些國家多是島國，如新西蘭、斯里蘭卡，等等。

　　世界上流域面積在 100 萬平方公里以上的河流有 19 條，其中 15 條是國際河流。流經國家最多的河流是歐洲的「藍色的多瑙河」，主幹流經 8 個國家，如把支幹流經的國家也計算在內，則達 12 國之多；尼日河、尼羅河也分別流經 10 個、9 個國家；其他流經國家較多的河流還有剛果河、贊比西河、亞馬遜河、萊茵河、乍得河、沃爾特河、恆河、湄公河、易北河、彼拉他河等。

　　中國國際河流主要有 15 條，數量僅次於俄羅斯和阿根廷，與智利並列世界第三位。從東到西，從北往南依次是：黑龍江、綏芬河、圖們江、鴨綠江、額爾齊斯－鄂畢河、伊犁河、塔里木河、印度河、恆河、雅魯藏布江－布拉馬普特拉河、伊洛瓦底江、怒江－薩爾溫江、瀾滄江－湄公河、元江－紅河和珠江。另外還有一些較小的河流，如新疆塔城地區的額敏河，阿勒泰地區的烏倫古河也屬國際河流。

世界自然地理之最集錦

世界上最大的半島是阿拉伯半島；
世界上最大的群島是馬來群島；
世界上最大的高原是巴西高原；
世界上最大的平原是亞馬遜平原；
世界上最大的盆地是剛果盆地；
世界上最年輕的海是紅海；
世界上最淡的海是波羅的海；
世界上最長的海峽是莫三比克海峽；
世界上最大的湖是里海；
世界上最深的湖泊是貝加爾湖；
世界上最大的淡水湖泊是蘇必利爾湖；

世界上最長的河流是尼羅河；

世界上最長的內流河是伏爾加河；

世界上流域面積最廣的河流是亞馬遜河；

世界上最長的運河是京杭大運河；

世界上最長的河流峽谷是雅魯藏布江大峽谷；

世界上流經國家最多的河流是多瑙河；

世界上貨運量最大的國際運河是蘇伊士運河；

世界上最高落差的瀑布是安赫爾瀑布；

世界上最寬的瀑布是伊瓜蘇瀑布；

世界上最大的沙漠是撒哈拉沙漠；

世界上最大的海灣是孟加拉灣；

世界上最長的裂谷帶是東非大裂谷；

世界上面積最大的國家是俄羅斯；

世界上面積最小的國家是梵蒂岡；

世界上面積最大的內陸國是哈薩克；

世界上人口最多的國家是中國，人口最少的國家則
是梵蒂岡；

世界上人口自然增長率最高的大洲是非洲，最低的
大洲是歐洲；

世界上民族語言最多的國家是印度尼西亞；

世界上海岸線最長的國家是澳大利亞；

世界上島嶼最多的國家是印度尼西亞；

世界上森林覆蓋面積最大的國家是蘇利南；

世界上鄰國最多的國家是中國；

世界上最熱的國家是巴斯拉；

世界上最寒的地方是南極洲；

世界上年降水量最多的地區是夏威夷；

世界上年降水量最少的地區是阿里卡；

世界上最大的風浪區是好望角；

世界上最長的城牆是長城；

世界上最長的鐵路是西伯利亞大鐵路；

世界上最乾旱的地方是南美洲的阿他加馬沙漠地區；

世界上陽光最充足的地方是非洲的撒哈拉沙漠；

世界上氣溫變化最劇烈的地方是美國的南達科他州的斯比爾菲什；

世界上最長的公路是泛美公路；

世界上海拔最高的大洲是南極洲，最低的大洲是歐洲；

世界上面積最大的大洲是亞洲，最小的大洲是大洋洲；

世界上面積最大的大洋是太平洋，面積最小的大洋是北冰洋；

130

世界上最大的大陸是亞歐大陸，最小的大陸是澳大利亞大陸；

世界上最長的山脈是安第斯山脈；

世界上火山最多的國家是印度尼西亞，有「火山國」之稱；

世界上噴發次數最多的活火山是義大利的埃特納火山。

世界奇城大觀

世界之大，無奇不有。全球有許多非常別緻、奇特的城市，看起來非常有趣。下面列舉其中的一些：

一、水城

義大利威尼斯城是世界上最著名的水城，城市面積只有 6.9 平方公里，卻建在 118 個小島上，由 117 條水道和 400 座橋梁將各島連在一起。全城沒有一條車行道，主要交通工具是船，許多建築都是建在水上，包括 120 座中世紀教堂，120 座鐘樓，40 座宮殿等。拿破侖曾稱它為「舉世罕見的奇城」。

二、橋城

漢堡是德國北部大城市和港口，在易北河、阿爾斯特河與比勒河匯流處。這裡原是沼澤水鄉，經千年修建，全市共有 2125 座橋梁，為世界上橋梁建築最多的城市。

三、太陽城

挪威的哈默菲斯特，是歐洲最北的城市，從每年 5 月 13 日到 7 月 29 日，這裡一天 24 小時均可看到太陽，根本沒有白天、黑夜之分，故名「太陽城」。

四、以雨計時的城市

在巴西的巴拉拉城，居民們是以下雨的次數來計算時間的。因為在那裡，每天下雨的時間基本是相同的，故人們計時，總是說上午的第幾場雨或下午的第幾場雨。

五、寒都

俄羅斯西伯利亞的雅庫次克，是地球上最寒冷的城市，被喻為「寒都」。這裡冬天的氣溫一般在零下 60°C，最低達到零下 73°C。由於嚴寒，門窗要設 3～4 層，在戶外行走的人，可以看到自己呼出的氣變成冰碴刷刷落地。

如果沒戴帽子，寒氣還會使頭髮在幾秒鐘內凍僵變硬和聳動。另外，人造革鞋底在室外 10 分鐘內便會四分五裂。所以這裡的人都穿皮靴或氈鞋。酷寒還使這座城市具有一些獨特的景致，置於露天的鋼材會變得像冰塊一樣鬆脆；商店出售的牛奶不是液體，而是一塊塊的

奶磚；活魚一離開河水，即凍成硬邦邦的冰棍，只能用鋒利的刨刀才能將其加工成魚片。

六、微笑城

美國愛達荷州的波卡特洛市，在 1948 年通過了一項法令，規定全市居民均不得愁眉苦臉，違者要到「歡容檢查站」學習微笑。這條法令旨在鼓勵市民以樂觀的態度面對逆境。現在，該市自稱是美國的「微笑之都」，並決定每年辦一次「微笑節」。

七、減肥城

美國北卡羅來納州的塔萊摩城並不大，但它是全世界目前僅有的以減肥、健身為「特產」的城市。全城大街小巷幾乎都是減肥中心或健美中心。其中有兩個設備齊全的大型門診部，一個叫「為長壽而削減」；一個叫「為健美而鍛鍊」。前者著重於減肥，後者著重於形體鍛鍊。門診部為求診者規定了定時、定質、定量的飲食，並指定他們到專門的餐館用餐。因此，該市的減肥、健美餐館舉目皆是。

八、音樂之都

位於多瑙河邊的奧地利首都維也納，是歐洲古典音樂和優美的「華爾茲」圓舞曲的故鄉。當你漫步街頭，

小憩公園，隨處可以聽到悠揚的樂聲。維也納全城擁有
30 萬架之多的鋼琴，每天都舉行 3 場以上的音樂會。

維也納是貝多芬、莫扎特等音樂天才的誕生地和施
展藝術才華的地方。這裡有許多音樂大師的塑像或紀念
碑。為此，世人公認其為「音樂之都」。

九、小提琴之都

義大利北部的克萊摩那，雖是區區小城，卻被稱為
世界小提琴之都。有史以來許多有名的小提琴，都是克
萊摩那製造的。那裡的能工巧匠多如繁星，代代相傳。
今天，至少仍有 50 位技藝超群的提琴製作師在不停地
製造小提琴，並指導來自各國的留學生。

克萊摩那出品的提琴一律由 73 片木塊拼成，所用
的木料起碼有 7 種。而每片木塊存放的時間，均超過 10
年以上。在這座小城裡，處處可以看到一把把髹漆過的、
正在陰晾的小提琴。據說，每位製作師每年平均只能製
作 5 把小提琴。

在克萊摩那市政廳的博物館裡，陳列著歷代著名的
琴匠製作的小提琴。每天早晨，管理員會輪流拉拉其中
的數把琴，以防這些名琴隨著時光流逝而變音。

十、樂器城

德國巴登—符騰堡州的特羅辛根，全城3/4的人口，靠音樂工作和製造樂器為生。1877年，世界上第一架真正的手風琴在這裡誕生。目前大量生產各種名牌口琴、手風琴、低音黑管、薩克斯風和電子樂器，來自世界的訂貨單總是源源不斷，這座小城竟有4所音樂院校，1個簧片琴樂器研究室。

十一、壁畫之都

墨西哥首都墨西哥城與其他城市相比，有一個特殊的地方，就是在市區主幹街成群的建築物上，都佈滿了各種古文化的雕塑和惟妙惟肖的圖畫，尤其是在許多大建築物左右，舉目可見光彩奪目的壁畫。壁畫是墨西哥歷史文化的重要遺產，此城故有「壁畫之都」之美稱。

十二、書城

德國的巴登—符騰堡州首府斯圖加特，整個城市坐落在樹林、果園和葡萄園之中，風景十分優美。這裡是德國著名哲學家黑格爾的故鄉，又是著名的圖書出版發行中心，市內有數家印刷廠和200多家出版社以及各式各樣的書籍，佔全國的1/10以上，市內還有許多圖書館，故有「書城」之稱。

水曜日
地理 常識 知多少!

十三、花城

法國首都巴黎，全市擁有 10 萬座花圃。該城不僅花多，而且有五花八門的建築物、花色繁多的化妝品和令人眼花繚亂的時裝，因而被稱為世界花城。

全球著名的
旅遊勝地有哪些

　　由美國國家地理學會主辦的《國家地理旅行家雜誌》花了兩年時間，挑出50個「一生中必須看一次的地方」，將必須觀看的旅遊勝地、50處名勝分為五大類，其具體如下：

　　一、歷史名城：香港、三藩市、耶路撒冷、伊斯坦布爾、威尼斯、巴塞隆那、巴黎、倫敦、紐約、里約熱內盧。

　　二、最後的伊甸園：南極、亞馬遜森林、委內瑞拉的蒂普斯高原、厄瓜多爾加拉帕戈斯群島、巴布亞新幾內亞的珊瑚礁、澳大利亞內陸地區、撒哈拉沙漠、坦桑尼亞塞倫蓋提平原、加拿大落磯山脈、大峽谷。

138

　　三、優美寧靜的人間天堂：日本的傳統日式旅館、印度的喀拉拉幫、希臘各大小島嶼、義大利的阿馬爾菲海岸、印度洋塞席爾群島、太平洋諸島、英屬維爾京群島、美國明尼蘇達州的邦德里沃特斯、夏威夷各島嶼、智利的托雷斯德爾帕伊內國家公園。

　　四、文明與大自然的和諧結合：越南的峴港至順化一帶、英格蘭湖區、法國的盧瓦爾谷、海岸國家挪威、阿爾卑斯山、義大利的托斯卡尼、美國的佛蒙特、加利福尼亞州的大蘇爾、加拿大沿海省份、新西蘭的北島。

　　五、世界奇蹟、人類偉大的建築：中國的萬里長城、泰姬陵、約旦的皮特拉、吳哥窟、梵蒂岡城、雅典衛城（巴特農神殿）、金字塔、秘魯的馬丘比丘、美國科羅拉多州的弗德台地（史前印第安人崖壁居室遺跡）。

有趣的地理現象

139

　　在世界上有很多有趣的地理現象，下面我們隨意列舉幾種，如果有機會，大家不妨親自去參觀一下。

一、國中國

　　世界上有 4 個國家的領土被另一個國家的領土所包圍，成為「國中國」。

　　地處非洲南部的賴索托，四周被南非共和國所包圍，面積 3.03 萬多平方公里，人口 120 多萬人。

　　位於歐洲南部義大利半島東北部的聖馬利諾，國境四周與義大利接壤，是歐洲最古老的共和國，面積 61 平方公里。

　　位於法國城市尼斯以東，南瀕地中海，三面為法國東南部所環繞的摩納哥公國，是一個風景美麗迷人的小國，面積 1.49 平方公里。

地處義大利首都羅馬城內西北角高地上的梵蒂岡，是世界上最小的國家，面積 0.44 平方公里。

二、城中城

倫敦市是英國的首都，是世界大都市之一，面積 1605 平方公里。倫敦城位於大倫敦市的中心地區，全城面積只有 1.6 平方公里，居民僅有 4000 多人，是英國的金融和商業中心，也是世界最大的金融和貿易中心之一。

倫敦城在倫敦中心佔有特殊的地位。它有自己的市政機構、警察和法庭。它的市長地位比倫敦市政委員會主席的地位還高。在舉行重大典禮時，女王到達倫敦城，也需等候該市長將一柄「市民寶劍」授予她後，方可進城。真可謂「城中城」。

三、海中海

位於哈薩克斯坦和烏茲別克之間的鹹海，面積有 5 萬餘平方公里，是一個兩層海，即在鹹海底 300 ～ 500 米以下又出現了一層海。這層海的海水與白堊沉積混合在一起，它的水略含礦物質，有鹽分。

科學家發現，鹹海的地面海與地下海有若干相通之處。地下海每年要供給地面海 4 億～ 5 億立方米的海水

而不枯竭，原來天山山脈有幾道暗河直通到鹹海的地下海。

四、湖下湖

在北美阿拉斯加半島北部遠伸北極圈內的巴角上，有一個奇妙的湖泊名叫努烏克湖，長年居住在這嚴寒地帶的愛斯基摩人很早就發現這個湖的湖水分為上下兩層：上面的一層是淡水，底下一層是鹹水。我們日常所見的湖泊，由於水的本身流動和借助外部的力量，湖水被攪得很均勻。但努烏克湖的水，卻有一條明顯的界限把水劈為兩層，使淡水層和鹹水層分明，這就說明了這個湖的湖水上下並不摻和。

為什麼這個湖的水分上下兩層呢？據一些地理科學研究者考證認為，這座湖泊原是一個海灣上升而形成的。它的北部是一條狹長的地段，像一個堤壩。冬季由於降雪充足，春天將大量融化後的淡水流入這個地域，因為湖上氣候十分寒冷，這些淡水始終不能和鹹水相混合；而北面的海水被海上的風暴激起，翻過狹窄的堤壩進入湖裡，由於海水的比重較淡水重，結果就都沉到湖的下層去了。

更為奇特的是，在這個湖中，不但水分上下兩層，

而且兩層水中的生物也各不相同。上層生活著淡水魚和植物，與該地區淡水江河中的魚類和植物完全一樣，而下層的生物群與北冰洋中典型的海洋生物群也完全相同。更令人驚訝的是，上層的生物與下層的生物互不往來，各自生活在自己的水域中。

五、湖中湖

加拿大安大略省的休倫湖中，有座面積為2766平方公里的馬尼圖林島，島上有個湖，叫馬尼圖湖，面積106.4平方公里，是世界上最大的湖中湖。

六、島中島

位於南太平洋西部的東加共和國的西列島中，有一個島嶼，島上有個湖，湖中有島，島上又有湖，一環套一環，構成了世界上罕見的「島中島」。

地球上的
神祕、異常地帶

　　地球上有許多地方，常發生一些不可思議的怪事，連科學家都不解其因，因此，人們把這些地方稱為神祕的異常地帶。比如，下面介紹的這些有趣的地帶：

一、地心引力異常地帶

　　在美國猶他州議會大樓附近，有一個約 500 米的陡坡，表面與其他任何斜坡公路沒什麼異樣。但是當你驅車來到坡下，停車不動時，車竟會自動緩緩爬上斜坡，就像有個無形的力從後面推你的車，或從前面拉你的車似的。人們把這神祕的斜坡稱為「重力之丘」。越重的物體，在「重力之丘」受的作用力越大，而對童車、皮球之類較輕的物體，幾乎不起作用。

在美國加利福尼亞州聖克魯斯鎮也有類似的奇怪現象，這裡的人可以一步步走上牆壁，輕鬆自如得如履平地一般。是魔術嗎？不是。這也是地球引力異常造成的。這裡的吸引力不是來自地下，而是來自傾斜壁，或是斜坡。鎮裡還有個小屋，人們只要穿著膠底鞋，就能斜著站，甚至能成 45° 角，傾斜站立，而不倒地。當飛機從小鎮上空飛過時，所有的儀表指示器都會失靈，飛機會脫離航線；小鳥飛經時，也會迷失方向，暈頭轉向地瞎飛亂撞，甚至墜落到地面上。

二、水流方向異常地帶

靠近希臘卡爾基斯市附近的埃夫裡波斯海峽，是一個讓人捉摸不透的地方。這裡的水流瞬息萬變，反覆無常。一會兒向南奔瀉，一會兒向北傾注。一晝夜這麼忽南忽北地變化方向達 11 ～ 14 次之多，最少也有 6 ～ 7 次。海水流速也大得驚人，每秒 8.5 海里！這對過往的船隻造成極大的危險。有時，浪濤滾滾的海面突然風平浪靜，像個熟睡的孩子，悄然無聲；但不到半個小時，海水又像一匹橫衝直撞的野馬，忽南忽北地折騰起來。有時竟能一連 12 小時規規矩矩往同一個方向奔流而去。

在臺灣東部沿海地區有個叫都蘭的地方，這裡的山

腳下有股溪水，一反「水往低處流」的常規，涓涓細流莫名其妙地向山坡上流去。是大自然中的「虹吸」現象，還是另有原因呢？目前還無法搞清楚。

三、氣候異常地帶

中國河南林縣石板岩鄉西北的太行山半腰處，有一馳名中外的風景勝地——冰冰背風景區。此地海拔 1500 米，面積約 600 平方米。它吸引遊人之處，不僅是美麗的自然景致，更具魅力的是，它那冷熱顛倒的異常氣候。每年陽春三月，大地草木蔥蘢，百花盛開時，冰冰背卻如進「三九」，開始結起冰來，結冰期長達 5 個月之久。六月三伏天，人們揮汗如雨，熱不堪言時，這裡卻正是冰期盛季，一踏入此地，頓感寒氣襲人，冰涼徹骨。八月中秋，霜降葉枯，冰冰背的冰開始消融。十冬臘月，大地冰封，冰冰背卻是熱氣騰騰，泉水淙淙，溫暖宜人，山溝溝裡奇花異草，嫩綠鮮艷，美不勝收。冰冰背為何出現四季錯位，至今尚無一致的解釋。

有關死海的奧祕

　　死海是位於西南亞的著名大鹹湖，湖面低於地中海海面 392 米，是世界最低窪處，因溫度高、蒸發強烈、含鹽度高達 25％～ 30％，據稱除個別的微生物外，水生植物和魚類等生物不能生存，故得死海之名。

　　當滾滾洪水流來臨之期，約旦河及其他溪流中的魚蝦被沖入死海，由於含鹽量太高，水中又嚴重的缺氧，這些魚蝦必死無疑。

　　死海的有趣之處和獨特之處在於它的 4 個「400」：第一，它低於海平面 400 米，是世界的最低點；第二，它的水最深處是 400 米；第三，死海水所含的各種礦物質達 400 億噸；第四，據說死海底有大約 400 米厚的鹽的沉積層。

　　來約旦的旅遊者都把死海視為必遊之地。但是，你

想擊水前進時，它會使你立即失去平衡，毫不客氣地將你翻轉過來；任何游泳好手，無論他採取蛙式、蝶式或自由式，在死海裡都休想施展自己的本領。至於潛水，有史以來，還沒有人在不墜掛重物的情況下潛入海裡。

　　死海不容人游泳其中，卻讓人漂浮其上。不會游泳的人盡可放心的仰臥水面，放開四肢，隨波漂浮，甚至仰面捧讀。

　　死海的怪脾氣和浮力都來自其含量極高的礦物質。各種鹽的含量是普通海水的9倍，每3斤海水裡就有1斤鹽。在死海通常見不到滔滔巨浪，這是因為死海水含礦物質高，減弱了風的威力。

　　死海裡的眾多礦物質來自何處，至今仍然沒有一個科學解釋。傳說死海底像一張漏篩，大量的礦物質是從底部噴射出來的。

　　死海水裡絕無魚、蚌，甚至沒有水草。死海邊緣有大片沙灘和卵石灘，可是人們找不到半個貝殼或其他顯示曾有生命存在的痕跡。在死海的上空和其周圍，看不到任何一種飛鳥，象徵著生命的一切跡象都不存在。但是，有一家約旦報紙發表了一篇文章，提出「死海不死」，引證最新科學考察的結果，證明死海裡存在微生

物——大量嗜鹽細菌和藻類，它們以含鹽量極高的特殊環境為滋養，在活躍地繁殖、生長，而污染和不斷增加的含鹽比重，對這些嗜鹽的細菌和藻類並未產生威脅。這無疑是一個新的科學發現。但是，成為特殊存在的自然現象，需要解開的有關死海的謎實在太多了。

五光十色的大千世界

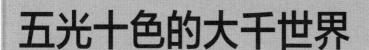

大自然用絢麗多彩的色調創造了五光十色的奇觀，有海、有湖、有沙漠，還有土壤。

一、五色海

紅海——位於非洲和阿拉伯半島之間，因沿岸水中生長著許多紅色藻類，海水因此發紅。

黃海——位於中國渤海與東海之間，因黃河帶入大量黃色泥沙而呈黃色。

綠海——位於沙烏地阿拉伯和伊朗之間，因曾有過大量綠色藻類，而得名「綠海」。

白海——位於俄羅斯的科拉半島附近。因長年被冰雪包圍，呈白色，故稱「白海」。

黑海——位於俄羅斯和土耳其之間，因海底沉積著黑色霉臭的爛泥而得名。

二、三色湖

奇異的三色湖——印度尼西亞佛羅勒斯島上的克利穆圖火山山巔,有一個奇異的三色湖,它是由三種不同顏色的火山湖所組成。它們彼此相鄰,湖水顏色各異。其中較大的一個火山湖,湖水呈鮮紅色,紅似鮮花,與其相鄰的一個火山湖,湖水呈乳白色,白如牛奶,另一個湖的湖水呈淺藍色,藍如長空,水天一色,山景水色相映成趣,美麗無比。

每當中午時分,三色湖湖面上輕霧繚繞,彷彿籠罩著一層薄紗,朦朦朧朧格外迷人。一到下午,整個湖面都是烏雲密佈,陰沉可怕。據記載,三色湖是由於很久以前克利穆圖火山爆發而形成的,呈鮮紅色的湖水中含有鐵礦物質,呈淺藍和乳白色的湖水中含有硫黃。

螢光湖——在巴哈馬群島有一個湖,湖面閃爍著綠色螢光,這是一種螢火光酵素微生物發光所致。

三、色彩繽紛的沙漠

多彩沙漠——位於美國科羅拉多河大峽谷東岸的亞利桑那沙漠,由於火山熔岩形成的砂粒中含有礦物質,使整個沙漠呈現出粉紅、金黃、紫紅、藍、白、紫諸色。在陽光照射下,由於反射和折射的作用,在半空中似乎

飄蕩著不同色彩的煙霧，令人眼花撩亂。峭壁禿丘在中午呈藍色；傍晚是紫水晶色。巖峰常為藍色，故有藍峰之稱。沙漠東部遍佈彩色圓丘，沙丘間屹立著數以千計的色如瑪瑙、堅如岩石的彩色石柱。長的超過 30 米，最粗的達三四米。亞利桑那沙漠以它美妙無比的色彩成為世界罕見的景觀。

　　紅色沙漠──澳大利亞的辛普森沙漠呈紅色，天地間火紅一片，奇麗無比。其成因是砂石上裹有一層氧化鐵，這是鐵質礦物長期風化漫染大漠所致。

　　黑色沙漠──中亞土庫曼斯坦境內的黑海和阿姆河之間，有一片名叫卡拉庫姆的黑色沙漠。整個大漠呈棕黑色。如置身其間，彷彿墮入黑暗世界，令人不寒而慄。這片沙漠是當地黑色岩層風化而成。

　　白色沙漠──美國新墨西哥州的路索羅盆地，白沙浩瀚，銀白色的砂粒是砂石膏晶體的微粒。1 億年前，由於地殼運動，石膏質海岸隆起為山，被雨水夾帶溶解了的石膏流入山谷盆地中的路索羅湖。後來氣候日益乾燥，湖水蒸發，湖岸的石膏晶體被風化成細沙，隨風鋪滿整個盆地，成了這片白色沙漠。連沙漠裡的一些動物，如囊鼠、蜥蜴等為適應環境，身軀也都變成了白色。

四、五色土

黑土 —— 中國東北平原濕潤寒冷，微生物活動較弱，土壤中有機物分解慢，積累較多，所以土色較黑。

黃土 —— 中國黃土高原的土壤呈黃色，這是由於土壤中有機物含量較少的緣故。

紅土 —— 高溫多雨的中國南方土壤礦物質的風化作用強烈，分解徹底。易溶於水的礦物質幾乎全部流失，只剩氧化鐵、鋁等礦物質殘留土壤上層，形成紅色土壤。

灰藍土 —— 在排水不良或長期被淹的情況下，紅色土壤中的氧化鐵常被還原成淺藍色的氧化亞鐵，土壤便成了灰藍色，如南方某些水稻田。

紫紅土 —— 中國的四川盆地素有「紫色盆地」之稱，因為這裡的土是紫紅色的。這是由中生代形成的紫紅色砂頁岩風化而成的土。

形形色色的島嶼

一、具有特異功能的島嶼

愛琴海中的阿羅斯安塔利亞島，岩石中含有大量的鹼性物質。因此，島上的居民從來不用花錢買肥皂。衣服髒了，可以隨便拾個土塊來搓洗；洗澡的時候，抓把稀泥往身上一抹也就行了。

在西印度群島中的馬提尼克島上居住的人，個個都「高人一頭」，就是來島上居住過一段時間的人，也會莫名其妙地長高幾公分。據說，該島蘊藏著某種放射性礦物，它能使人體機能發生某種特異變化，因而「催高」了身體。

加拿大東海岸有個世百爾島，輪船每次駛近它的時候，羅盤就會「失靈」，同時有一種奇特的力量把船拉向島嶼，以致因此而造成了不少船隻觸礁沉沒。航海的

人們把它叫做「死神島」，總是遠遠地躲過它。原來，這個島嶼的岩石中含有豐富的磁鐵礦。

二、由「特殊材料」構成的島嶼

緬甸英萊湖中的腐草和泥土多年疊結形成浮島，人們在這些浮島上面蓋房居住，種莊稼，聚成村落，形成街市。

浮島在羅馬尼亞的多瑙河三角洲地區更多，這裡是世界上最大的蘆葦產地。遇到風暴和水面上漲時，這些「島嶼」會發生浮動。

而在北冰洋上，有許多的考察基地設在浮水形成的冰島上。波斯灣附近的澳爾穆茲島，上面堆滿了食鹽，到處一片白漠，寸草不生。

澳大利亞東北部有名的大堡礁，是由在熱帶海洋中生活的珊瑚蟲「獻身」構成的，形成了一條綿延2000公里的「海上長城」。這裡，350多種色彩和萬千形態的珊瑚，把海洋世界打扮得絢麗多彩。

三、有歷史地位的島嶼

塞內加爾的戈雷島，是一個歷史上西方殖民者用來販賣黑奴的「奴隸島」。現在島上還保留著當年關押待運黑奴的「奴隸堡」。當年，從亞非各地每天都掠奪

200～400 名黑奴，押上島來，當場「按質論價」出售，並在他們身上烙上號碼。

生了病的會隨時被扔到大海裡餵鯊魚，活下來的隨後被送進貨艙，就像塞沙丁魚罐頭一樣，裝得滿滿地運往美洲。在 1538 年到 1848 年間，從這裡運走了 2000 萬黑奴。現在，這塊血跡斑斑的土地，已被宣佈為人類的文化遺產而保留下來。

英國小說《魯濱遜漂流記》中的荒島，就是智利的胡安—費爾南多斯群島中最大的一個島嶼。島的山頂上，至今還留著一塊當年銘記流放海員塞爾柯克的銅牌和他住過的山洞──魯濱遜洞。《魯濱遜漂流記》便是作家笛福根據這一素材寫出來的。

有些島雖小，但名聲很大。小小的聖赫勒拿島，以囚禁過拿破侖而名聞全球。島上他的衣冠塚和生前住處「隆武德」等古蹟，已成為陳列拿破侖使用過的各種器具和書籍的博物館。

有趣的動物島

一、猴島

在中國海南島陵水縣南部的南灣半島，面積有 1400 多畝，樹木四季常青，野果終年不斷。1965 年起在這裡設立了南灣獼猴自然保護區。原來只有 60 多隻獼猴，到目前已繁殖到 1000 多隻了，故有猴島之稱。

在加勒比海的手托里科海岸附近，也有一個面積只有 15.5 公頃的小島，原名卡聖約提阿高島。1938 年英國人卡盤特從亞洲南部買來幾隻恆河猴放養在這個島上。多年來，已繁殖了大量恆河猴，成了世界著名的猴島。

二、鳥島

在西印度洋的塞席爾群島中，有一個面積為 40 公頃的小島，那裡居民很少，卻是海燕棲息的場所，最多

時大約有 175 萬對。早晨，一對對「情侶」在附近的洋面上捕食魚蝦，夜晚便成群結隊回歸於此，嬉嬉鬧鬧。雌海燕下蛋後，島上滿地都是海燕蛋，當地居民俯首可拾。蛋商將收購的海燕蛋加工後運銷國外，一年可生產海燕蛋 420 萬～ 500 萬隻。因此，這裡便成了海燕的王國，蛋的天下。

在中國青海省海湖中，有一個面積為 400 多畝的海西皮小島，島上也有成千上萬隻各式各樣的鳥，多得幾乎是鋪天蓋地，竟使人無插足之地。因為這裡有豐富的魚蝦和水草，又無猛獸騷擾、侵襲，生活非常寧靜。因此，這裡成為鳥類「豐衣足食」的安樂王國。

三、蛇島

在中國遼東半島的大連港附近，有個無人居住的荒島，長 1000 多米，寬 700 多米的島上，大約有 5 萬～ 6 萬條蝮蛇在那裡生息繁衍。1957 年，中國科學考察隊曾上島考察、調查，並捕回 1 萬多條蛇作為研究之用。現在，這個蛇島已成為自然保護區。

四、企鵝島

離南極洲不遠的馬爾維納斯群島，由於英阿之爭而聞名寰宇。許多人也許不知道，這個島是企鵝的天堂，

曾聚居過 1000 萬隻企鵝。在世界上 17 個不同品種的企鵝中，在該島棲息的就有 5 種。

五、龜島

南美洲西部大洋上的加拉帕戈斯島，在西班牙語裡是「龜島」的意思。過去，島上幾乎到處都是海龜和陸龜，大的重 400～500 斤，可以馱兩個人行走。後來，海龜遭到人們的大肆捕殺，目前已所剩無幾了。

六、貓島

在印度洋一個名叫「弗利加特」的小島上，棲居著 1 萬多隻貓，是世界上唯一的「貓島」。

七、蜘蛛島

南太平洋所羅門群島中有一個小島，島上滿地遍野都是大蜘蛛，大約有 1000 萬隻。這種大蜘蛛結的網可以當漁網用，捕捉魚來既輕巧又結實耐用。

八、蝴蝶島

臺灣素有「蝴蝶王國」之稱，全島有 400 多種蝴蝶，其中木生蝶、皇蛾、陰陽蝶等均是世上罕見的蝶種。臺灣出口的蝴蝶量，居世界首位。

世界上奇異的河流

一、甜河

希臘半島北部有條長達 80 餘公里的河，叫奧爾馬加河。河水像放了糖似的，甜滋滋的。用它澆灌農田，莊稼長勢喜人，年年豐收，但人畜卻不能飲用，儘管甜味那麼誘人。

二、鹹河

西伯利亞有一條名叫維柳伊河的支流，像海水一樣是鹹的。因為這條鹹河中含有過量的鹽。

三、香河

西非安哥拉的勒尼達河飄溢著陣陣撲鼻異香，而與它相連的西南非洲的本因魯河卻與普通河一樣，毫無異味。人們推測勒尼達河飄香的原因，可能是河底的土層組織特異，泥沙本身含有香味；或是河床中生有能在水

中開花的植物，花的香味溶於水中。

四、彩色河

西班牙南部的廷托河，是一條名副其實的彩色河，它有五種顏色：當它流經一個具有綠色原料的礦區，河水呈現綠色；往下流去，幾條流經一個硫化鐵礦區的支流注入廷托河，河水變成翠綠色；當它流入谷地後，由於谷地中長有一種有色野生植物，把它染成了棕色和玫瑰色；到了下游，廷托河流經一處沙地，又變成了紅色。

五、變色河

著名的尼羅河是一條會變色的河，一年中會變好幾次顏色。1月—5月，尼羅河正處枯水期，河水清澈透明；6月，水色變綠，這是上游帶來的腐爛的葦草等有機物染的；7月河水氾濫，濁流奔騰，泥沙翻滾，河水成了紅褐色；9月河水最紅；11月後水位下降，紅褐色漸漸清退；隔年，河水又恢復為清澈透明。當地居民透過觀察河水顏色趨吉避凶，非常準確。

六、墨水河

非洲的阿爾及利亞西部阿必斯城附近，有一條由兩條小河匯成的河流，由於兩條小河分別含有不同的成分，一條含大量鐵鹽，一條含大量腐殖質。兩種成分化

合，使河水變成墨水般的顏色，用此河水寫的字，墨跡
清晰，跟墨水一樣，所以人稱「墨水河」。

七、自潔河

印度的恆河一直被印度教徒視為聖潔的「神聖之
河」。每當酒罈節之際，成千上萬虔誠的教徒們紛紛入
河沐浴。甚至有人為淨化靈魂，清洗罪惡，竟投河自盡，
因此常可見恆河漂屍。

還有不少人將焚屍後的骨灰撒入河中，以求死者
的解脫。就是這樣一條被死屍骨灰等污染得又髒又臭的
河，卻仍有信徒不斷飲其「聖水」。奇怪的是，從未見
誰飲了此水後得病的。而且從不見恆河中蚊蟲滋生。

恆河水之所以有如此奇特的自潔力，經科學驗證，
原來是恆河河床中有放射性礦物質，如鉍214，它能殺
死河水中99%的細菌；恆河流經喜馬拉雅山前強變質結
構帶，水中溶有一定量的能殺菌的重金屬化合物，如銀
離子；恆河水中還存在大量的噬菌體，它們寄附在細菌
和細胞壁上，將細菌吞噬掉。

這種種因素結合在一起，便使恆河具有神奇的自潔
能力，成了一條「自潔河」。

八、升天河

非洲南部的歐科范果河，是一條全長 1600 公里、全年河水流量為 110 億立方米的大河，可當它滾滾流入博茲瓦納北部的三角洲後，竟突然消失得無影無蹤了。原來，歐科范果河流域地處熱帶，下游河床傾斜度極小，每公里才 20 公分，河水流速緩慢，並形成眾多小支流，這種種因素促使河水很快自行蒸發成水氣，升入空中。難怪人們稱之為「升天河」。

世界神奇湖集錦

163

一、神祕的瀝青湖

在拉丁美洲有一個神奇的湖泊叫披奇湖，它座落在加勒比海上托巴哥的特立尼達島，距首都西班牙港約 96 公里。這個被高原叢林環抱的湖泊，面積達 46 公頃之多。奇怪的是，這個湖沒有一滴水，有的卻是天然的瀝青，因此人們稱其「瀝青湖」。該湖黝黑發亮，就像一個巨大精緻的黑色漆器盆鑲嵌在大地上。湖面瀝青平坦乾硬，不僅可以行人，還可以騎車。湖中央是一塊很軟很軟的地方，在那裡，源源不斷地湧出瀝青來。因此，被人們譽為「瀝青湖的母親」。

這個湖的神奇之處在於，湖中瀝青「取之不盡，用之不竭」。自 1860 年以來，人們已不停地開採了 100 多年，被運走的瀝青多達 9000 萬噸，而湖面並未因此

而下降，據地質學家考察和研究，該湖至少深 100 米，如果按每天開採 100 噸計算，再開採 200 年也不會採盡，它是目前世界上最大的天然瀝青湖。

如此神祕的瀝青湖是怎樣形成的呢？隨著科學技術的發展，這個湖的奧祕終於逐漸被揭開了。現已查明，該瀝青湖的形成是由於古代地殼變動，岩層斷裂，地下石油和天然氣湧溢出來，經長期與泥沙等物化合而變成瀝青，以後又不斷地在海床上逐漸堆積和硬化，形成了如今的瀝青湖。

從瀝青湖的形成過程，也可反映出該地區的歷史演變和發展。在採掘中，人們曾發現古代印第安人使用過的武器、生產過程以及生活用品，還採掘出史前動物的骨骼、牙齒和鳥類化石等。1928 年，該湖湖底突然冒出 1 根 4 米多高的樹幹，豎立在瀝青湖的中央。幾天以後，樹幹才逐漸傾斜沉沒湖底。有人從樹上砍下一斷樹枝，經科學家們研究考察，發現這棵樹的樹齡已有 5000 多年了。

二、挖不完的鹽湖

中國青海省柴達木盆地中部，有一個面積為 1600 平方公里的鹽湖，鹽層 5 ～ 6 米深，其中最深處達 10

多米。據估計，鹽湖中食鹽的儲藏量可供中國人民食用
5000多年。它是迄今所知中國最大的鹽湖。令人驚奇的
是，該湖的鹽挖掘以後，新鹽又會不斷地從湖底冒出來。

三、神奇的「水妖湖」

在俄羅斯阿爾泰地區的卡頓山裡，隱藏著一個神奇
的湖泊。湖面明亮如鏡，在陽光照耀下，熠熠生輝，如
果仔細觀察，人們還能看見那銀色的湖面時時升起縷縷
微藍色的輕煙。在這裡，環境十分幽雅寧靜，湖光山色
十分秀美，宛若童話般的仙境。

然而，這個美麗的湖泊卻籠罩著神祕而又可怕的氣
氛，人們個個望湖生畏。自古以來，人們稱這美麗的湖
泊是水妖居住的地方，它常年噴吐著毒氣，誰去了誰就
會很快被毒死，一旦人或動物掉進湖裡，也是很快就會
死去，所以，人們稱其「神奇的水妖湖」。多少年來，
許多英雄好漢曾想揭開「水妖湖」的神祕面紗，但尚未
走近湖畔，人就會感到噁心頭暈，流口水，呼吸困難。
如不馬上離開，就會死去。因此，無人敢冒死前去。

據說，後來有一位地質學家帶著幾個助手，戴上防
毒面具實地進行勘察，終於解開了水妖湖之謎。原來，
這個湖根本沒有什麼水妖，湖水也不是普通的水，而是

水銀。那銀色的湖面，就是硫化汞在陽光下分解生成的金屬汞。湖上縷縷微藍色的輕煙，就是在太陽光照射下的水銀蒸氣。由於水銀蒸氣毒性極強，能殺死生物，因此，在湖四周的空氣中，水銀蒸氣的濃度很高，凡是人或動物接觸久了，就會中毒而死亡。過去，由於科學知識的貧乏，人們迷信水妖作孽。所謂「水妖湖」其實就是「水銀湖」。

四、奇特的五層湖

在北冰洋巴倫支海的基里奇島上，有一個「麥其里湖」。該湖的水域層次共分五層，因此人們稱其「五層湖」。五層湖的每層水質不同，因而各具自己特有的生物群，構成一個絢麗多彩的湖中世界。

五層湖的最底下一層是飽和的硫化氫，它是由各種生物的屍體殘骸和泥沙混合而成。在這層中經常產生劇毒的硫化氫氣體，其中只生存著一種「厭氧性細菌」，其他生物無法生存。

第二層湖水呈深紅色，宛如新鮮的櫻桃汁液，色彩十分艷麗。這裡沒有大的生物，只有種類不多的細菌，它能吸收湖底產生的硫化氫氣體作為自己的養料。

第三層是鹹水層，水質透明，是海洋生物的領域，

這裡的生物有海葵、海藻、海星、海鱸、鱈魚之類。

第四層是淡水與鹹水互相混合的水層，生活著海蜇和鹹淡「兩棲」生物，如水母、蝦、蟹以及一些海洋生物。

第五層即最上面的一層是淡水層，這裡生活著種類繁多的淡水魚和其他淡水生物。

五、會變色的湖

在澳大利亞南部，有一個會變色的湖。一年中，它會變出灰、藍、黑三種不同的顏色。海洋地質學家認為，主要是由於這個湖含有大量碳化鈣的緣故。冬季氣溫低，碳化鈣沉於湖底，並凝結成晶體，故湖水呈黑色。夏季溫度升高，碳化鈣結晶體便慢慢由湖底升起，使黑色的湖水變為灰色。秋天時，碳化鈣結晶體幾乎全部浮在湖面，由於光的折射原理把蔚藍色的天空映到湖中，因而使湖水由灰色變成藍色。

六、會發光的湖

在北美洲巴哈馬聯邦的大巴哈馬島上，有一個會發光的湖。每當夜晚駕船划槳時，船槳會激起萬點「火光」，船的周圍也會濺起點點「火花」，船尾則拖著一條「火龍」，偶爾魚兒躍出水面，也會閃出「火星」，

遠遠望去，一片星火，奇趣盎然。

最初，有人說這是湖中水怪作祟，也有人說是湖中龍女撒花，還有人說是魚神巡夜的燈盞。隨著科學的發展，會發光的湖的謎底已被揭開。那「火光」、「火花」、「火龍」、「火星」不是人們傳說中的水怪作怪、龍女撒花、魚神掌燈，也不是真正的火，而是湖中大量繁殖著的甲藻的作用。甲藻含有螢光酵素，當水中船隻行駛、划槳、魚兒游動等攪動時，螢光酵素會發生氧化作用，而產生五光十色的「火花」。

七、墨水湖

在非洲阿爾及利亞的阿必斯城附近，有一個天然的墨水湖。居住在那裡的人們要用墨水，只要拿個瓶子到湖裡去裝就行了。這個奇特的小湖，湖水跟我們平常使用的墨水一模一樣，寫在紙上字跡清晰。原來這個湖裡的水是由兩條小河彙集而成的，經科學家化驗分析，其中一條小河的水中含有大量的鐵鹽化合物，另一條小河裡含有大量的腐殖質，當兩條小河水匯合時，便發生化學變化，而形成天然的墨水湖。

八、沸湖

在加勒比海的多米尼加島上，有一個神奇的「沸

湖」。它是一個長 90 米、寬 60 米的小湖，坐落在火山區的山谷中。在湖水滿時，從湖底噴上來的水氣高達 2 米。整個湖面熱氣騰騰，湖水翻滾，好像一鍋煮沸了的開水，沸湖的名稱就是這樣得來的。此湖水溫度很高，可達 100℃，一些來此觀光旅遊者，只要將生的食物投入湖中，不一會就很快「煮熟」了。

有時湖水乾了，可以看到在深邃的湖底露出一個圓洞，這就是噴孔。突然間，有一股灼熱的水柱伴隨著轟鳴聲沖天而起，竟高達 3 米多，形成奇景，極為壯觀。據地質學家認為，「沸湖」底的一個圓洞是一個巨大的間歇噴泉，這裡過去是座火山，地下岩漿離地表較近，當地下水加熱後，積聚了一定的壓力，就透過岩石的縫隙向地面噴發出來，形成蔚為壯觀的自然奇景。

九、死湖

在義大利的西西里島上，有一個名副其實的死湖。這個湖裡沒有任何生物存在，而且在湖的四周岸邊寸草不生。原來，這個湖的湖底有兩個奇怪的泉眼，日夜不停地向湖中央噴射出腐蝕性很強的酸性泉水，因而人或動物偶然失足掉進湖中，就會立刻死亡。

在中美洲瓜地馬拉北部的特哥姆布羅火山中，也有

一個可怕的死湖。由於受火山的影響，湖中有一個「沸泉」，使湖水的溫度高達 80℃ 以上，而且又含有大量的硫酸，因此，任何生物都不能在此湖中存活。

十、不沉湖

　　在地中海的占依島上，有一個「不沉湖」。湖水五光十色，終年散發出濃烈的火藥味。此湖似乎有一種神奇的魔力，一二磅重的石塊投入水中，不會沉入湖底，而浮在水面上，隨水漂浮，彷彿輕如紙屑，令人驚奇不已。更有趣的是，在不沉湖裡游泳，即使不會游泳的人，也絕對不會淹死。據說有一次，一個不會游泳的胖子，在湖邊拍照留念，一不小心掉進了湖中，急得他的太太大呼救命，可是岸上的許多遊客都沒去救人，還反而大笑起來，氣得這位太太罵他們：「見死不救，蠢豬！」但當她看到她的丈夫不但沒有沉沒，反而輕巧地在水中游起泳來時，便破涕為笑了。

　　據科學家們分析，不沉湖的海水裡含有某種礦物質，這種水的比重很大，因此，人不會沉沒。科學家們還發現，用這種水洗澡，能使皮膚光滑，具有良好的醫療作用。因此，每年到這裡來的各國遊客不斷。

CHAPTER 3

中國地理

中國為什麼又稱華夏

　　從現有的文獻來看，西周初年便有「夏」和「中國」兩種稱號。古史傳說，夏是最早的一個朝代。而後來的周人以夏文化的繼承者自居。因此，《尚書》中常有「區夏」、「有夏」、「時夏」等詞。

　　周滅商後，按照周本身的組織形式分封了許多諸侯。這些諸侯國的文化和周是一個系統，周國既然自稱為「夏」，這些諸侯國，尤其是在其逐漸強大起來後，也就自稱為「夏」。因為諸侯國不止一個，所以稱為「諸夏」，以區別於不同文化系統的「夷狄」。「華」字古音「敷」，「夏」字古音「虎」，其音相近。「夏」名號使用機會既多，便由音近而推衍出「華」字來，以便加重語氣。這樣「華」逐漸成了與「夏」異名同實的稱號。有時稱「諸華」，有時又與「夏」字合稱「華夏」。

中國為什麼稱九州

以九州代指中國是古代的一種習慣，它的淵源，起始於傳說中夏、商、周三代的行政劃分。

在《史記‧夏紀》中，記述了大禹在治水過程中，根據山川河流的走向分野，把中原劃分為九州的傳說。這九州是「冀、兗、青、徐、揚、荊、豫、梁、雍」，九州的範圍大致是黃河、長江中下游流域，基本上是中華民族最初活動的中心地區。以後殷商取代夏朝，仍有以九州建制的說法，只是去掉了青州、梁州而增加了幽州、并州，疆域向北擴展了。周滅商以後，還保持著九州劃分天下的觀念，與商朝比較，去掉了徐州，添上了青州。

總而言之，夏、商、周三代1000多年的歷史，雖然沒有明確的行政建制，但統轄的地域大致相同，都是

以黃河流域為中心，在地曠人稀的情況下，只能以大致的山川河流走向粗分為九州。三代以後，華夏族已經形成，以九州為華夏族生息繁衍基地的觀念也紮下了根。

正如中國人是炎黃子孫血統觀念那樣，九州代表中國的地理觀念，深深地印在了中國的傳統文化當中。因而，在 2000 多年的歷史上，「九州」一直在各種典籍中出現，作為中國的代稱。

中國的地形有什麼特點

　　中國地形複雜多樣，平原、高原、山地、丘陵、盆地五種地形齊備，山區面積廣大，約佔全國面積的 2/3；地勢西高東低，大致呈三階梯狀分佈。西南部的青康藏高原，平均在海拔在 4000 米以上，為第一階梯；大興安嶺－太行山－巫山－雲貴高原東一線以西與第一階梯之間為第二級階梯，海拔在 1000 ～ 2000 米之間，主要為高原和盆地；第二階梯以東，海平面以上的陸面為第三級階梯，海拔在 500 米以下，主要為丘陵和平原。

　　複雜多樣的地形，形成了複雜多樣的氣候。中國地勢西高東低、呈階梯狀分佈的特點，有利於濕潤空氣深入內陸，供給大量水氣；使大河滾滾東流，溝通東西交

通；大河由高一級階梯流入低一級階梯的地段，水流湍急，產生巨大的水能。

一、主要山脈的分佈

從中國的主要山脈分佈上來看，有如下特徵：

東西走向的三列──由北而南為天山－陰山－燕山；崑崙山－秦嶺；南嶺。

東北－西南走向的三列──從西而東為大興安嶺－太行山－巫山－雪峰山；長白山－武夷山。

南北走向的兩條──賀蘭山；橫斷山。

西北－東南走向的有兩條──阿爾泰山、祁連山。在中國和尼泊爾交界處的喜馬拉雅山脈主峰──珠穆朗瑪峰，是世界最高峰。

二、中國四大高原的特點和分佈

青藏高原位於中國西南部，平均海拔在 4000 米以上，是中國最大、世界最高的大高原。其特點是：高峻多山，雪山連綿，冰川廣佈，湖泊眾多，草原遼闊，水源充足。內蒙古高原在中國北部，包括內蒙古大部和甘、寧、冀的一部分，海拔 1000 米左右，是中國第二大高原。其特點是：地面開闊平坦，地勢起伏不大；多草原和沙漠。黃土高原海拔為 1000 ～ 2000 米。地面覆蓋著疏鬆

的黃土層，是世界上黃土分佈最闊、最深厚的地區，水土流失嚴重，千溝萬壑。雲貴高原巖熔地形廣佈，山嶺起伏，崎嶇不平。

三、中國四大盆地的分佈及特點

四川盆地位於四川東部，因廣佈紫色砂頁岩，有「紅色盆地」和「紫色盆地」之稱，是中國地勢最低的盆地。塔里木盆地位於新疆南部，呈環狀分佈。中部的塔克拉瑪干沙漠是中國最大的沙漠，是中國最大的內陸盆地。柴達木盆地位於青海省西北部，大部分為戈壁、沙漠，東部多沼澤、鹽湖，是中國地勢最高的典型的內陸高原盆地。

四、中國三大平原的分佈和特點

東北平原，地表以肥沃的黑土著稱，海拔多在200米以下，是周圍面積最大的平原；華北平原地勢低平，千里沃野，是中國第二大平原；長江中下游平原位於長江中下游沿岸，地勢低平，河網密佈，湖泊眾多。

五、中國的主要丘陵

中國的主要丘陵有遼東丘陵、山東丘陵、東南丘陵等。

為什麼中國北方海岸大多比較平直

中國的海岸，不僅綿長曲折，而且類型複雜，南北有別。大體上以錢塘江口為界，分為南北兩段：北面的一段大都是由泥沙構成的，叫做沙岸；南面的一段，主要由岩石構成的，叫做巖岸。沙岸由於長年累月接受河流泥沙的沉積，遭受潮汐波浪的沖刷，一般比較平直和單調，岸前海水很淺。巖岸正好相反，它很少接受泥沙的沉積，岸線曲折，犬牙交錯，岸前就是深水區。

我們不禁要問，同樣都是海岸，為什麼南北會有這樣大的區別呢？

打開中國的地形圖，就會清楚地看到，北面的一段海岸，連接著廣闊無垠的三大平原；三大平原的背後，

是內蒙古高原和黃土高原。平原和高原之上，有黃河、淮河和長江等源遠流長的大河，它們不僅水量豐富，而且攜帶著大量的泥沙，從西向東，順著地勢的下降，向海裡傾瀉。漲潮時，海水又把泥沙托住，使它們大量地沉積在海岸上。波浪和潮汐不斷地沖刷，又把泥沙鋪得平展展的，形成了彎曲很少的平直的海岸。

　　錢塘江口南面的一段海岸，背後是高低不平的丘陵和山地，上面的河流多是源短流急，泥流很少。這裡的海岸，大部分以丘陵和山地為基底。所以，海岸基本上保留了原來丘陵山地的形狀，岸線曲折，峰角突兀。

　　中國北面的一段海岸，雖然以沙岸為主，其中也有局部的巖岸，如遼東半島、山東半島的尖端部分，秦皇島和葫蘆島等。南面的一段海岸，在巖岸中也有局部的沙岸，如雷州半島和珠江等大河的河口地帶。沙岸、巖岸相間分佈，就為發展海洋運輸業、曬鹽業和各種海洋生物的養殖工作提供了有利的條件。

中國的主要沙漠
是怎樣形成的

　　打開中國地形圖，我們會看到，在中國的北部，有一大片沙漠。它們當中最大的，是新疆的塔克拉瑪干大沙漠，它的面積約有 33 萬平方公里，比兩個山西省還要大，在世界上也是有名的。此外，還有古爾班通古特沙漠、巴丹吉林沙漠、騰格里沙漠、烏蘭布和沙漠、庫布齊沙漠、毛烏素沙漠。這些沙漠的總面積，約有 109 萬平方公里，佔全國面積的 11.4%。這麼大面積的沙漠，是怎樣形成的呢？

　　中國的沙漠，都在內陸深處，離海洋很遠。在它們的東面和南面，又有高原和大山，像高牆一樣，擋住了濕潤的海風。所以那些地區氣候乾燥少雨，而且白天熱，

晚上冷。岩石在這樣的氣候條件下，白天受熱膨脹，晚上遇冷收縮，經年累月之後，就慢慢風化成為碎石和沙子。這是沙漠形成的自然原因。

除此之外，沙漠的形成還有人為的原因。比如，在內蒙古河套以西地區的烏蘭布和沙漠，那裡本來是黃河的沖積平原，土地肥沃，草原豐美。到了東漢順帝（公元 140 年）的時候，因為亂墾亂伐，才逐漸廢田起沙，形成沙漠。

據初步統計，中國沙漠地區可以開墾的荒地就有兩億畝左右，相當於現有耕地的 1/8。沙漠中還有無數的礦產資源、動物資源和植物資源。遍佈中國西部沙漠的羅布麻，就是一種高級纖維原料，用它織成的布料美觀大方。在沙漠中到處都可以生長的蓯蓉，是一種非常名貴的藥材，被稱為「沙漠中的人參」。

近年來，人們開始利用沙漠中非常豐富的太陽能和風能，建立了太陽能浴室、風能抽水站和發電站。今天的沙漠正在逐漸改變面貌。

中國沿邊界線
與哪些國家相鄰

　　中國的領土遼闊廣大，無論在陸地上還是在海洋上，都有著漫長的邊界線。

　　中國陸地邊界線長2萬多公里，有14個國家與中國相鄰。假如我們從鴨綠江口出發，行進在中國東北的長白山地，我們的東邊就隔著鴨綠江和圖們江，與朝鮮的土地緊密相連。向北行，出長白山，過興凱湖，在這一段，中國隔烏蘇里江和黑龍江與俄羅斯相鄰。過了滿洲里不遠，沿邊界線折向西南，進入內蒙古高原，中國與蒙古的邊界線，從那兒一直伸向西北，直到阿爾泰山的友誼峰附近。在新疆的西北部和西部，中國的邊界線穿過了一系列嶺谷和天山山脈，直到帕米爾高原，這一

段中國與哈薩克、吉爾吉斯、塔吉克為鄰。再往東南，從喀喇崑崙山脈到喜馬拉雅山脈，到處可以見到高聳入雲的雪峰，其中就有世界最高的珠穆朗瑪峰。這一線有五個鄰國，它們是：阿富汗、巴基斯坦、印度、尼泊爾、不丹。到了中印邊界的東段，已是喜馬拉雅山的南麓，再向東南走，邊界線進入了橫斷山區，在那兒與中國為鄰的是緬甸。過了瀾滄江（湄公河）向東，我們到了雲貴高原的南緣，在那兒中國的鄰國是寮國和越南。我們沿著那條邊界，直到北崙河口，也就到了北部灣海濱。

中國有漫長的海岸線，僅大陸海岸線就長達 18000 多公里；加上海洋島嶼的海岸線，就比陸地邊界線還要長。沿著大陸海岸走，從中越邊界的北崙河口向東北，沿途經過熱帶、亞熱帶和溫帶的海濱，沿著中國東南低山丘陵區和東部的三大平原──長江中下游平原、華北平原、東北平原，最後回到了中朝邊界的鴨綠江口。在這條海岸線以外，中國東面和東南面隔黃海、東海、南海，與日本、菲律賓、馬來西亞、汶萊、印度尼西亞等國相望。

中國沿海有哪些著名的島嶼

　　中國的沿海，北從鴨綠江口起，南到北侖河口止，分佈著一系列的大小島嶼，總數共有 5000 多個，總面積約 8 萬平方公里。

　　海南島，面積32000多平方公里。長江口的崇明島，面積 1083 平方公里，是中國的第三大島。散佈在南海上的島、礁、沙、灘，總稱為南海諸島，按照它們分佈的位置，大體上分成四組群島，即東沙群島、西沙群島、中沙群島和南沙群島，另外還有黃巖島。

　　中國沿海島嶼的分佈很不均勻。浙江省沿海的島嶼最多，約佔全國島嶼總數的 1/3，杭州灣附近的舟山群島，是中國最大的群島。杭州灣以北沿海的島嶼比較少，

其中比較重要的是黃海北部的長山群島和渤海海峽的廟島群島。福建省和廣東省沿海地區的島嶼也不少，但是面積一般比較小，其中90％在1平方公里以下；超過10平方公里的，只有90多個；超過100平方公里的只有16個。

中國大多數沿海島嶼的面積雖然較小，但是無論在海防上或經濟上，都具有重要的意義。這些島嶼既是海洋捕撈、近海養殖和開發海洋資源的基地，又像哨兵一樣，守護著中國的海防。

除了島嶼以外，中國沿海地區還有不少一面連著陸地、三面被水環繞的半島，最著名的有遼東半島、山東半島和海南島北面的雷州半島。

中國曾有過
幾條「絲綢之路」

　　中國是世界上最早生產絲綢的國家，古希臘稱中國為「賽里斯」，即「絲國」之意。中國絲綢以質地精美、技藝精湛譽滿全球，有「東方絢麗的朝霞」之稱。

　　從秦漢開始，大宗的中國絲織品，透過舉世聞名的「絲綢之路」，源源不斷地輸往西方，成為中西政治經濟文化交流的重要媒介。

　　中外歷史學家所稱的「絲綢之路」，主要指自西漢張騫始而開闢的東起長安、西達大秦、橫貫亞洲的陸上通道。

　　當時，絲路從長安向西通過河西走廊，以後分為南北兩道。南道由敦煌出發，出陽關西行，沿崑崙山北麓

經鄯善、于闐、莎車等地，越過蔥嶺（帕米爾高原），西達大月氏、安息、條支、大秦；北道由敦煌出發，出玉門關西行，沿天山南麓經車師前王庭、龜茲、疏勒等地，越過蔥嶺，可達大宛、康居，西南行與南道會合，經大月氏、安息等國抵達地中海東岸，轉達羅馬各地。

　　從兩漢到隋唐的 1000 多年間，是絲綢之路的發展和繁榮時期。中西各國沿著絲綢之路，進行著極其豐富的經濟貿易交往和科技文化交流。

　　中國出口的主要物品除絲織物外，還有鐵器、漆器、手工藝品及養蠶、繅絲、冶鐵、灌溉、造紙等先進技術；西方各國輸入中國的則有葡萄、石榴、胡桃、苜蓿等植物及玻璃、琉璃、海西布等特產，大大豐富了中國人民的物質和文化生活。這條通過河西走廊的中西陸上的通道，可謂中國第一條「絲綢之路」。

　　其實，在中國西南還有一條少為人知的「絲綢之路」，比河西走廊「絲綢之路」要早 200 多年。它經由四川到達印度，名為「蜀身毒道」，身毒即印度。

　　公元前 126 年，張騫第一次出使西域，在大夏（今阿富汗）時曾看到蜀布和邛竹杖，並詢知此是由位於「大夏東南可數千里」的身毒轉運而來，說明到印度的通道

早已開闢。

　　漢時由川入滇經過兩條崎嶇古道，一為靈關道，一為朱提道，兩條古道皆由成都出發，於楚雄會合後，則稱博南道，經南華、祥雲、大理、永平（古稱博南）、保山、騰沖通往緬甸。

　　川、滇商人在保山（古稱永昌）與印度商人進行貿易，用蜀布、邛竹杖換回金、貝、玉石、琥珀、玻璃製品。隨後，印度商人帶著這些四川特產，沿布拉馬普特拉河谷或順伊洛瓦底江出海，進入印度境內。由於歷史的和社會的原因，中原地區並不知有「蜀身毒道」。

　　漢代大理一帶流傳一首古老的民歌：「漢德廣，開不賓，渡博南，越蘭津，渡瀾滄，為他人。」這是對「蜀身毒道」走異域做生意的生動寫照。

　　中國古代還有一條與橫跨歐亞大陸的絲綢之路並行的海上商路，這就是中國通往西方的「海上絲綢之路」，它的歷史可以遠溯到千百年前。

　　海上絲綢之路起點在中國東南沿海，主要是廣州，終點在非洲東北部埃及沿海港口。這條海上商路在漢代以後日益繁盛，常常是「舟舶繼路，商使交屬」；到了宋代，由於指南針的應用，海上絲綢之路更為繁忙，有

詩為證:「黃田港北水如天,萬里風檣看賈船」;而明代鄭和七下西洋,更是中國歷史上空前未有的壯舉。

《新唐書‧地理志》記述了這條溝通太平洋和印度洋的海上航線的情景:海船自香禺(廣州)起航,經越南東海岸、新加坡海峽進入馬六甲海峽,繼分為南西兩路:南路經蘇門答臘東南部抵爪哇,西路出馬六甲海峽抵錫蘭,其後沿印度半島西海岸到達卡拉奇,在此又分為兩路:一路經霍爾木茲海峽進入波斯灣,沿東岸駛向幼發拉底河口的阿巴丹和巴拉士;另一路則沿阿拉伯半島西岸到達亞丁灣,或經紅海以達開羅,再由開羅轉運敘利亞各城。

當時和中國通商最盛者為大食、波斯及南洋各國,海上絲綢之路成為中國南方對外貿易的主要商路。

馳名世界的中國絲織品、瓷器、銅器、鐵器、貴重藥品等源源不斷地運往歐亞各地,中國古代四大發明即造紙、火藥、印刷術和指南針也由海上絲綢之路傳到西方。

海上絲綢之路雖然不像陸上絲綢之路那樣廣為人知,但在歷史上它卻是一條比陸路更為重要的商業運輸線,即使在今天,也仍然是東西貿易交往的重要通道。

為什麼說中國
是一個多山的國家

　　我們常常聽人說，中國是一個多山的國家。但是，有些地理書上卻寫著，中國的山地約佔全國面積的1/3。1/3能算多嗎？這兩種說法到底哪一個確切些？

　　自然地理學者習慣上把地形分為五種，即平原、高原、山地、丘陵和盆地。中國這五種地形各佔多少？過去有些人把中國按照五種地形劃分出的地形區圖，畫在一張質地均勻的厚紙上，再沿地形區界線剪開，然後把代表五種地形的紙分別放在天平上稱，按照各區紙的重量，計算出五種地形佔全國面積的百分比數字，即山地占33%，高原占26%，盆地占19%，平原占20%，丘陵占10%。以後這個數字就一直沿用下來了。

　　我們知道，上面所說的五種地形中有兩種基本類型，一種是比較平坦的地面，一種是崎嶇不平的地面。一般說來，平原和高原屬於前一種，山地和丘陵屬於後一種；盆地的情況比較複雜，盆地四周較高的地方一般是山地或高原，中間低窪的部分有的是小平原，有的則是低矮丘陵。此外，高原也有地面起伏很大的。因此，人們就根據地形的外觀，常常把地面分為平原區（小塊的也叫川區）和山區兩種。中國山地、高原的面積都很廣，除山地外，青康藏高原、雲貴高原、黃土高原都比較崎嶇，當地群眾把其中許多地方也叫做山區，再加上一部分丘陵地，所以從全國來說，山區面積大大超過了平原區面積，約佔全國的 2/3，因此，完全可以說中國是一個多山的國家。

中國的火山
主要分佈在哪裡

　　學過世界地理的人都知道，日本的最高峰富士山是一座風景優美的錐狀火山，非洲的最高峰乞力馬扎羅山和南美洲的高峰阿空加瓜山，也都是火山。那麼，中國有沒有火山？它們都在哪裡？中國還有能夠噴發的活火山嗎？

　　世界上火山最多的地區，與地震帶一樣，主要分佈在兩個地帶：一個是環太平洋帶，包括太平洋西岸的日本、菲律賓、印度尼西亞等地和太平洋東岸的南、北美洲西部山區；一個是喜馬拉雅－地中海地區，特別是在地中海地區的南歐三個半島——巴爾幹半島、義大利半島和伊比利亞半島。中國絕大部分地區位於亞洲大陸

上，因此，中國的火山數量不算多，已經發現的有 660
多座。它們的「脾氣」，也不像日本、印度尼西亞、義
大利等國的火山那樣「暴躁」，噴發起來不算十分猛烈，
噴出的熔岩所堆成的火山體，也就比較低矮。

中國的火山比較集中地分佈在以下幾個地區：

遼闊坦蕩的內蒙古高原，是中國火山最集中的地
區，共有火山 270 多座，錫林郭勒盟中部阿巴嘎旗的達
賚諾爾西北部，分佈有 100 多座火山，是中國最大的一
個火山群。

大同和集寧一帶也是火山比較集中的地區，至少有
80 座火山。

東北地區是中國火山集中的又一個區域，共有火山
230 多座，主要分佈在小興安嶺和長白山一帶。吉林省
輝南縣和靖宇縣之間的龍崗火山群有 72 座火山，是一
個大火山群。黑龍江省德都縣有 14 座火山，其中老黑
山和火燒山是正在「睡覺」的活火山。它們在 1719 年
到 1721 年間相繼噴發，噴出的大量熔岩堵塞了河道，
形成了串珠般的五個湖泊，就是風景秀麗的五大連池。

在南京附近的長江兩岸和江淮之間，在廣東省的雷
州半島和海南島中部，在雲南省的騰沖附近，以及青康

藏高原上的崑崙山區和岡底斯山北側等地方，也都有火山分佈。

1951 年 5 月 27 日，在新疆於田縣以南的崑崙山中，有一座火山突然爆發，發出巨響，亂石飛天，山頂濃煙滾滾，直衝雲霄，持續數日，這是中國大陸上最近的一次火山爆發。

火山爆發和由它引起的火山地震，會給人類帶來災害；但是，如果掌握了火山活動的規律，就可以減輕它的危害。同時，火山又能為人類提供豐富的自然資源。比如火山噴出熔岩所形成的浮石和火山礫，是性能良好的保溫、隔音材料，火山灰是不用鍛燒的「天然水泥」。

火山附近常常有寶貴的礦產，例如，硫黃礦、金、硫砷銅、重晶石等礦產。在火山活動過的地區，常常有大量熱水、熱氣蘊藏在地下，像雲南騰沖的高溫硫黃泉等，在醫療、供暖、發電等方面，都有著廣泛的用途。

珠穆朗瑪峰
名稱的由來

　　世界第一高峰珠穆朗瑪峰，在新中國成立之前，被稱為「額非爾士峰」或「埃佛勒斯峰」，這是由 19 世紀中葉擔任印度測量局局長的英國人 Everest 在 1852 年自認是該峰的發現者，而以自己的名字命名的。從此，這個名稱就一直被歐美人所採用，過去中國的地理教科書和地圖上也用此名。

　　其實，早在 1717 年，也就是額非爾士發現這座山峰之前 135 年，中國清朝政府派人去測繪全國地圖時已經發現此峰，並將當地藏族人民為該峰所取之名「珠穆朗瑪」（意為「聖母之水」）標明在當時印製的地圖上。可惜這些地圖繪成後就被鎖在深宮裡，外界無從知道。

　　新中國成立後，中國地理學家王鞠侯在雜誌上發表文章，根據資料說明，所謂「額非爾士峰」應正名為「珠穆朗瑪峰」。此文引起當時《人民日報》編輯胡仲持的注意，胡請他對考證的資料再加核實。王鞠侯於是進一步查閱資料，終於在故宮博物院查閱到清廷測繪的原圖翻拍照片，證明了珠穆朗瑪峰的方位明確無誤。不久，《人民日報》專題報導了王鞠侯的文章及考證情況。

　　1952 年 5 月 8 日，中央人民政府內務部和出版總署聯合正式通報，把「額非爾士峰」正名為「珠穆朗瑪峰」。

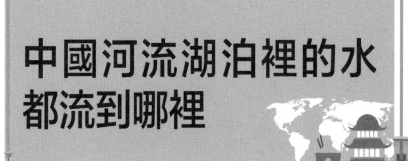

中國河流湖泊裡的水都流到哪裡

　　中國的領土遼闊，河流湖泊眾多，其中流域面積在1000平方公里以上的河流就有1500多條，1平方公里以上的湖泊有2000多個。這些河流和湖泊的水，流往哪裡去了呢？

　　俗話說：「人往高處走，水往低處流。」中國的地勢西高東低，所以，大多數河流，如長江、黃河、珠江、黑龍江、海河等大河，都順著地勢自西向東流入海洋；其他許多小河，差不多都沿地勢匯入這些大河，然後入海。我們把這種最後能流入海洋裡去的河流，叫外流河，供給外流河水量的區域叫做外流區域。外流區域的湖泊大多與河流相通，湖泊裡的水最後也能流到海洋裡去。

這樣的湖水含鹽分少，是淡水湖，主要有鄱陽湖、洞庭湖、洪澤湖、太湖等。

但是，中國也有一些河流，如新疆的塔里木河、甘肅的弱水等，因為受到高山、沙漠等阻擋，河水不能流入海洋，而是流到內陸的窪地中，瀦積為湖泊，或者消失在沙漠之中。這種不跟海洋溝通的河流，叫內陸河。供給內陸河水量的地區叫做內流區域。內流區域的湖泊由於水分不斷蒸發，鹽分留在湖底，湖水含鹽分一般較高，是鹹水湖，主要有青海湖、奇林錯、納木錯等。

中國的外流區域約佔全國總面積的 2/3，主要分佈在東部和南部；中國的內流區域約佔全國總面積的 1/3，主要分佈在西北部的高原和盆地。外流區域和內流區域的分界線，大體就在大興安嶺－陰山－賀蘭山－烏鞘嶺－崑崙山－唐古拉山－岡底斯山一線。

中國地勢西高東低，外流區域的河流是不是都向東流入太平洋呢？也不是。流入太平洋的河流比較多，主要有長江、黃河、珠江、黑龍江、海河、淮河、瀾滄江等；此外，還有流入印度洋的怒江、雅魯藏布江，向北流入北冰洋的額爾齊斯河。

中國外流區域和內流區域的劃分，除了地形上的原

因以外，同氣候也有密切關係。中國東部和南部的外流區域，降水都比較豐富，河流有充足的水源，因而許多河流能夠跋涉千里，切穿山嶺，流入海洋。中國西北部的內流區域，降水都比較少，河流的水源主要來自高山冰雪，再加上沿途多沙漠、戈壁，水分大量蒸發和下滲，河流水量越來越小，無法切穿重重山嶺，於是，有的就消失在沙漠中，有的就瀦存在窪地裡形成湖泊。

中國一些少數民族語以及地名的原意

　　哈爾濱：滿語的意思是「曬網場」。原來在哈爾濱建城之前，滿族漁民常在那裡的江邊曬漁網，因而得到這個名字。

　　吉林：是滿語「吉林烏喇」的簡稱，意思是「沿江」。這「江」指松花江。

　　齊齊哈爾：是達斡爾族語。意思是「天然牧場」。

　　烏蘭浩特：是蒙語「紅色之城」的意思。

　　錫林浩特：是蒙語「草原之城」的意思。

　　呼和浩特：是蒙語「青色之城」的意思，「浩特」二字，蒙語是「城市」的意思。

　　多倫：是由蒙語轉音而來的，原名為「多倫諾爾」，

意思是「七個泉」。是因附近有許多泉眼而得名。

　　包頭：是從蒙古族牧民所叫的「包克圖」轉音而來。意思是「有鹿的地方」。

　　青海湖：蒙語叫「庫庫諾爾」，意思是「青色的海」，簡稱「青海」。青海省即由此而得名。

　　拉薩：藏語是「聖地」的意思。

　　日喀則：藏語是「本源頂點」的意思。

　　烏魯木齊：是維吾爾語轉化過來的，意思是「美麗的牧場」。

　　克拉瑪依：是維吾爾語。「克拉」是「黑」的意思，「瑪依」是「油」的意思。「克拉瑪依」就是當地有黑色的原油。

省級行政區名稱的由來

一、山東

以在太行山之東而得名。唐大部分屬河南道；宋設京東路，後分京東東、西路；金更名山東東、西路，為山東得名的開始；元設山東東西道；明置山東省，後改山東布政使司；清改山東省，省名至今未變。

二、山西

以在太行山之西而得名。唐大部分屬河東道；宋設河東路；金分河東北、南路；元設山西河東道，為山西得名的開始；明置山西省，後改山西布政使司；清改山西省，省名至今未變。

三、河南

以在黃河之南而得名。西漢即有河南郡，為河南得名的開始；唐大部分屬都畿道和河南道；宋設京畿路和京西北路；金改南京路；元設河南江北省和河南江北道；明置河南省，後改河南布政使司；清改河南省，省名至今未變。

四、河北

以在黃河之北而得名。唐大部分屬河北道，為河北得名的開始；宋設河北路，後分河北東、西路；金分河北東路，設大名府路；元設燕南趙北道；明設北平省，後廢省，所有府和直隸州直屬中央，稱北直隸；清改直隸省；1929 年，民國改河北省，省名至今未變。

五、湖南

以在洞庭湖之南而得名。唐屬江南西道和黔中道，後設湖南觀察使，為湖南得名的開始；宋稱湖南路；元設嶺北湖南道；明屬湖廣省，後改省為湖廣佈政使司；清分湖廣省置湖南省，省名至今未變。

六、湖北

以在洞庭湖之北而得名。唐屬江南東道、淮南道和山南東道；宋荊湖北路，簡稱湖北路，為湖北得名的開

始；元設江南湖北道；明屬湖廣省，後改省為湖廣佈政使司；清分湖廣省置湖北省，省名至今未變。

七、廣東

以廣南東路簡稱得名。唐屬嶺南道；宋以舊廣州轄地置廣南東路，簡稱廣東路，為廣東得名的開始；元設海北廣東道；明置廣東省，後改廣東布政使司；清改廣東省，省名至今未變。

八、廣西

以廣南西路簡稱得名。唐屬嶺南道；宋置廣南西路，簡稱廣西路，為廣西得名的開始；元設廣西兩江道；明置廣西省，後改廣西布政使司；清改廣西省；民國仍沿用；建國後，改廣西壯族自治區，區名至今未變。

九、黑龍江

以黑龍江而得名。清分吉林將軍置黑龍江將軍，清末改黑龍江省，省名至今未變。

十、遼寧

以遼河流域永久安寧得名。唐屬河北道；遼置東京路；金仍沿用；元置遼陽行省；明為遼東都司；清設遼東將軍，後改奉天將軍，再改盛京將軍，清末改奉天省；1929年，民國改遼寧省，為遼寧得名的開始；偽滿復改

奉天省，1945 年收復後仍改遼寧省；建國初分遼東省和遼西省，後合併恢復遼寧省，省名至今未變。

十一、浙江

以浙江（又稱錢塘江）得名。唐屬江南東道，設浙東觀察使和浙西觀察使；宋置兩浙路，南宋又分兩浙東路和兩浙西路，簡稱浙東路和浙西路；元設浙東海右道和江南浙西道；明設浙江省，為浙江得名的開始，後改浙江布政使司；清改浙江省，省名至今未變。

十二、安徽

以安慶、徽州各取一字得名。唐大部屬江南西道和淮南道；宋置江南東路和淮南西路；元屬江東建康道和淮西江北道；明境內各府和直隸州直屬中央，稱為直隸，後改南直隸；清改江南省，後分設安徽省，為安徽得名的開始；民國仍沿用；建國初分設皖北行署和皖南行署，後合併恢復安徽省，省名至今未變。

十三、江蘇

以江寧、蘇州各取一字得名。唐大部屬江南東道和淮南道；宋置江南東路、兩浙西路和淮南東路；元屬江東建康道、江南浙西道、淮東江北道；明境內各府和直隸州直屬中央，稱為直隸，後改南直隸；清改江南省，

後分設江蘇省,為江蘇得名的開始;民國仍沿用;建國初分設蘇北行署和蘇南行署,後合併恢復江蘇省,省名至今未變。

十四、福建

以福州、建州各取一字得名。唐屬江南東道,後設福建觀察使,為福建得名的開始;宋置福建路;元設福建海右道;明置福建省,後改福建布政使司;清改福建省,省名至今未變。

十五、甘肅

以甘州、肅州各取一字得名。唐屬關內道和隴右道;宋時東部屬宋秦鳳路,西部屬西夏;金分秦鳳路為秦鳳、臨洮、慶原三路;元初以甘州置甘肅路(不久即改甘州路),為甘肅得名的開始,後改寧夏行省為甘肅行省;明為陝西行都司;清分陝西省恢復甘肅省,省名至今未變。

十六、江西

以在江南的西部得名。唐屬江南西道,後設江西觀察使,為江西得名的開始;宋置江南西路,簡稱江西路;元設江西行省及江西湖東道;明置江西省,後改江西布政使司;清改江西省,省名至今未變。

十七、雲南

以在雲嶺之南得名。漢即設雲南縣,為雲南得名的開始;唐為六詔,後為南詔;宋為大理國;元置雲南行省及雲南諸路道;明置雲南省,後改雲南布政使司;清改雲南省,省名至今未變。

十八、貴州

以貴山得名。唐為黔中道;宋屬夔州路;元屬湖廣行省;明置貴州土司,是為貴州得名的開始,後置貴州布政使司;清改貴州省,省名至今未變。

十九、四川

以益利梓夔四路得名。唐大部屬劍南道和山南東、山南西道;宋設川峽路,後分設西川路和峽西路,再分西川路為益州路和利州路,分峽西路為梓州路和夔州路,合稱四川。其間設四川制置使,為四川得名的開始,後改益州路為成都府路,改梓州路為潼川府路,分利州路為利州東、西路;元置四川省和四川行省和西蜀四川道;明置四川省,後改四川布政使司;清改四川省;建國初分為川東、川南、川西、川北四行署,後合併恢復四川省,省名至今未變。

二十、重慶

重慶早在公元前 11 世紀西周時代即為「巴國」的首都（巴是因嘉陵江水曲折迂迴如「巴」而得名）；秦代稱巴郡；漢改為江州；因位於嘉陵江畔，而嘉陵江古稱渝水，故隋改名渝州，重慶簡稱渝即發端於此；北宋徽宗皇帝將渝州改為恭州，即讓蜀人恭服之意；南宋趙淳受封恭王，鎮守於此，後來他當了皇帝，將恭州升為重慶府，取其「雙重喜慶」之意，這就是重慶一名的由來。

二十一、青海

以青海湖得名。唐宋屬吐蕃；元時其土地屬宣政院管轄；明屬朵甘都司等；清初為衛藏地，後分設西寧辦事大臣，又稱青海辦事大臣，為青海得名的開始；民國初設青海辦事長官，後屬甘邊寧海鎮守使，之後建青海省，省名至今未變。

二十二、陝西

以在陝原之西得名。唐大部屬京畿道和關內道；宋初設陝西路，為陝西得名的開始，後分設永興軍路，以軍事延、寧、環慶、秦鳳、熙河五路設陝西五路經略使；元設陝西行省和陝西漢中道；明置陝西省，後改陝西布

政使司；清改陝西省，省名至今未變。

二十三、吉林

以吉林烏拉前二字得名，滿語吉林烏拉意為沿江。唐屬東北民族地；遼屬東京路；金屬上京路；元屬遼陽行省；明屬奴兒干都司；清設吉林將軍，清末改吉林省，省名至今未變。

二十四、寧夏

以「西夏安寧」得名。唐屬關內道；宋屬西夏；元滅西夏後以舊地設西夏行省，不久改寧夏行省，治所為寧夏路，為寧夏得名的開始，後改行省為甘肅行省，遷甘州路；明屬陝西省，改寧夏路為寧夏衛；清改寧夏府，屬甘肅省，並設寧夏將軍；民國初設甘邊寧夏護軍使，後置寧夏省；建國後撤銷併入甘肅省，後設寧夏回族自治區，區名至今未變。

二十五、海南

以海南島得名。唐屬嶺南道；宋屬廣南西路；元設海南海北道，是為海南得名的開始；明屬廣東省；清仍沿用，正式稱瓊崖為海南島；民國仍沿用，後設海南特別行政區，仍屬省；建國後設海南行政區，仍屬省，1988 年升為海南省，省名至今未變。

二十六、西藏

以清正式定名得名。唐宋為吐蕃；元屬宣政院；明稱烏思藏，設都司等；清初稱衛藏，衛即前藏，藏即後藏，後正式定名為西藏，為西藏得名的開始，清設西藏辦事大臣；民國初稱西藏地方；建國後仍沿用，後改西藏自治區，區名至今未變。

二十七、內蒙古

以漠南蒙古得名。唐為突厥地；宋時出現蒙古部落；後建元朝，其地直屬中書省及嶺北行省；明分韃靼及瓦剌；清統一蒙古，以漠南蒙古居內地稱內蒙古，漠北蒙古居邊外稱外蒙古，並屬理藩院；民國初分屬熱河、察哈爾、綏遠等特別區，後均改省；建國後以今內蒙古東部設內蒙古自治區，區名至今未變。

二十八、新疆

以其為新辟疆土而稱新疆。唐宋為西域；元明為察哈台汗國和窩闊台汗國地；清統一其地，其北部稱回部、南部稱准部，合稱回疆，設伊犁將軍，又以其為新辟疆土而稱新疆（其時貴州新辟疆土亦稱新疆），清末設新疆省，是為新疆得名的開始；民國仍沿用；建國後，改新疆維吾爾自治區，區名至今未變。

二十九、上海

上海，簡稱「滬」，別稱「申」。大約在 6000 年前，現在的上海西部即已成陸，東部地區成陸也有 2000 年之久。相傳春秋戰國時期，上海曾經是楚國春申君黃歇的封邑，故上海別稱為「申」。公元四、五世紀時的晉朝，松江（現名蘇州河）和濱海一帶的居民多以捕魚為生，他們創造了一種竹編的捕魚工具叫「扈」，又因為當時江流入海處稱「瀆」，因此，松江下游一帶被稱為「扈瀆」，以後又改「扈」為「滬」。

三十、天津

1000 年以前，天津只是一個很小的村鎮碼頭，發展的基點叫「直沽寨」；元朝以後，直沽寨「舟車攸會，聚落始繁」，1316 年取「海濱渡津」之意，改稱「海津鎮」，同時有「津門」、「津沽」、「沽上」的別稱；天津這個名字始於明朝，明太祖朱元璋之子朱棣和惠帝爭奪皇位，曾在這裡渡河南下，後來朱棣當了皇帝，取「天子的津渡」之意，才把海津鎮改為「天津」。以後這裡一直派重兵保衛著，所以又叫天津衛。

三十一、北京

北京古代稱薊；春秋戰國時是燕國國都，遼代稱燕

京;金代稱中京;元代為大都;明代始改稱北京;1928
年改稱北平;1949 年,中華人民共和國復北京的名稱。

古時,帝都稱京師。北京的「北」字,是根據其地
理位置而取的,故金陵為南京,長安(西安)為西京,
汴梁(今開封)為東京,洛陽、遼陽也稱過東京。

三十二、香港

顧名思義,「香港」就是芳香的海港。關於這一美
麗名稱的由來,歷來有不同的說法。但一般認為最可靠
的說法,則是這裡過去曾是運香、販香的港口,故而得
名香港。

在明朝時,香港及廣東東莞、寶安、深圳一帶盛產
莞香,此香香味奇特,頗受人們的喜愛,故而遠銷江浙,
飲譽全國。由於當時販香商人們一般都是在港島北岸石
排灣港,將莞香船運往廣州或江浙等省。所以,人們將
這個港口稱為香港,意為販香運香之港,將港口旁邊的
村莊,稱為香港村。

1842 年,鴉片戰爭之後,香港作為全島的名稱被
正式確定下來。1856 年第二次鴉片戰爭之後,香港又成
為整個地區的稱謂。

三十三、澳門

澳門的名稱來歷有多種說法。其中之一認為是由地理環境得來的。根據清人任光印、張汝霖合著的《澳門紀略》記載:「壕鏡澳之名著於《明史》。其名澳門,則以澳南有四山離立,海水縱橫貫其中,成十字,曰十字門。故合稱澳門。」「或曰澳有南台、北台,兩石相對如門,故曰澳門。」

有趣的地名
及其歷史意義

　　地名不僅是特定的地理方位概念，同時還是研究歷史的佐證。

　　江蘇有個宿遷，為什麼叫宿遷呢？有人說，「宿遷地當魯南洪水南下之沖，族人常一宿而遷，不敢久留」，固而得名。這顯然是望文生義。其實，這裡春秋時代是鍾吾國地，到晉朝才稱為宿豫縣，唐代避唐代宗李豫的諱，才改為宿遷縣的。又如宜興，秦朝稱陽羨縣，西晉周處之子周玘三次發動義兵保衛國家有功，朝廷改陽羨縣為義興郡而封之。宋朝因避宋太宗趙匡義的諱，才改為宜興。

　　新疆有許多地名是用維吾爾語命名的，如吐魯番、

烏魯木齊、阿克賽欽等，這說明維吾爾人世世代代住在新疆。用滿語命名的大都在東北，如哈爾濱、齊齊哈爾都是滿語，「哈爾」是滿語「江河」的意思，可見東北是滿族的故鄉。

內蒙古的地名，大都是蒙古語，如海拉爾，是「流下來的水」之意；羅布淖爾，是「湖泊」之意，「浩特」是「城市」之意。這說明，內蒙古是蒙古族的大本營。在廣西、廣東、貴州一帶，許多地名中分別有「那」、「羅」、「六」的音節，這不是漢語，而是壯語，這說明古代壯族人的活動範圍要比現在大得多，可見，壯族人民對華南地區的開發是有貢獻的。

地名還可以幫助我們去認識一些早已面目全非的地理地貌。內蒙古有一個旗，叫做喜桂圖，意思是「有森林的地方」，但是現在並沒有森林。呼和浩特是「青色的城」之意；包頭是「有雄鹿的地方」之意。根據這些地名，我們可斷定，直到 13 世紀，或者更晚一些時候，這裡還是一片原始森林，是鹿群出沒的地方。

中國一些地名
的正確讀法

　　漢字中有不少多音字，我們應當注意它們在地名中
的正確讀法。如：

　　泌陽，在河南省。「泌」應讀（閉），不讀（密）。

　　大埔，在廣東省。「埔」應讀（部），不讀（普）。

　　寶坻，在天津市。「坻」應讀（抵），不讀（持）。

　　東阿，在山東省。「阿」應讀（屙），不讀（啊）。

　　琿春，在吉林省。「琿」應讀（魂），不讀（輝）。

　　濟南（市）、濟寧、濟陽，在山東省；濟源，在河
南省。「濟」應讀（己），不讀（記）。

　　監利，在湖北省。「監」應讀（賤），不讀（堅）。

　　筠連，在四川省。「筠」應讀（軍），不讀（雲）。

閬中，在四川省。「閬」應讀（浪），不讀（狼）。

麗水，在浙江省。「麗」應讀（離），不讀（立）。

蠡縣，在河北省。「蠡」應讀（理），不讀（離）。

穆稜，在黑龍江省。「稜」應讀（靈），不讀（楞）。

六安，在安徽省；六合，在江蘇省。「六」應讀，
不讀（遛）。

澠池，在河南省。「澠」應讀（免），不讀（繩）。

牟平，在山東省。「牟」應讀（木），不讀（謀）。

番禺，在廣東省。「番」應讀（潘），不讀（翻）。

黃陂，在湖北省。「陂」應讀（皮），不讀（坡）。

大碏，在貴州省。「碏」應讀（謙），不讀（連）。

犍為，在四川省。「犍」應讀（前），不讀（堅）。

任縣、任丘，在河北省。「任」應讀（人），不讀
（認）。

單縣，在山東省。「單」應讀（扇），不讀（纏），
也不讀（丹）。

歙縣，在安徽省。「歙」應讀（射），不讀（昔）。

莘縣，在山東省。「莘」應讀（深），不讀（辛）。

台州（地區）、台縣，在浙江省。「台」應讀（胎），
不讀（抬）。

　　廈門（市），在福建省。「廈」應讀（夏），不讀（啥）。

　　滎陽，在河南省。「滎」應讀（形），不讀（營）。

　　浚縣，在河南省。「浚」應讀（訓），不讀（俊）

　　鉛山，在江西省。「鉛」應讀（嚴），不讀（牽）。

　　掖縣，在山東省。「掖」應讀（夜），不讀（椰）。

　　滎經，在四川省。「滎」應讀（營），不讀（形）。

　　尉犁，在新疆維吾爾自治區。「尉」應讀（玉），不讀（位）。

　　蔚縣，在河北省。「蔚」應讀（玉），不讀（位）。

　　柞水，在陝西省。「柞」應讀（搾），不讀（坐）。

　　長子，在山西省。「長」應讀（掌），不讀（腸）。

　　樅陽，在安徽省。「樅」應讀（宗），不讀（聰）。

中國的地理之最

（1）面積最大的省級行政區——新疆維吾爾自治區。

（2）最大的鹹水湖——青海湖。

（3）最高的高原——青康藏高原。

（4）最大的盆地——塔里木盆地。

（5）最熱的地方——吐魯番盆地。

（6）海拔最低點——新疆吐魯番盆地中的艾丁湖。

（7）最長的河流——長江。

（8）最長最早的運河——京杭大運河。

（9）最大的廣場——天安門廣場。

（10）最長的內陸河——塔里木河。

（11）海拔最高的大河——雅魯藏布江。

（12）最大的瀑布——黃果樹瀑布。

（13）最大的淡水湖——鄱陽湖。

（14）最大的草原——內蒙古大草原。

（15）最大的城市——上海。

（16）最大的山城——重慶。

（17）最北的村莊——漠河。

（18）最大的自然保護區——阿爾金山國家級自然保護區。

（19）最大的沙漠——塔克拉瑪干大沙漠。

（20）最大的島群——舟山群島。

（21）人口最少的少數民族——珞巴族。

（22）最深的湖——長白山天池。

（23）最大的沖積島——崇明島。

（24）最大的冰川——新疆帕米爾高原喬戈里峰北坡的音蘇蓋提冰川，長約 40 公里。

（25）最低的冰川——雲南梅里雪山的卡瓦格博的明永冰川，海拔為 2650 米。

（26）最大的峽谷——雅魯藏布大峽谷。

（27）最大的平原——東北平原。

（28）最高的盆地——柴達木盆地。

（29）最南端——曾母暗沙。

（30）人口最多的少數民族——壯族。

（31）最西的地方——帕米爾高原。

（32）最高的懸河——黃河下游 800 公里的地上懸河（又簡稱地上河），不僅是中國之最也是世界之最。

（33）最大的半島——遼東半島。

（34）土地面積最大的縣——新疆若羌縣，面積 20 多萬平方公里

培育文化　萬識通系列 09

水曜日：地理常識知多少！

編著　　楊家宇
責任編輯　翁世勛
美術編輯　林鈺恆

出版者　培育文化事業有限公司
信箱　yungjiuh@ms45.hinet.net
地址　新北市汐止區大同路3段194號9樓之1
電話　（02）8647-3663
傳真　（02）8674-3660
劃撥帳號　18669219
CVS代理　美璟文化有限公司
TEL／(02)27239968
FAX／(02)27239668

總經銷：永續圖書有限公司

永續圖書線上購物網
www.foreverbooks.com.tw

法律顧問　方圓法律事務所　涂成樞律師
出版日期　2019年01月

國家圖書館出版品預行編目資料

水曜日：地理常識知多少！ / 楊家宇編著.
-- 初版. -- 新北市：培育文化，民108.01
面；　公分. -- (萬識通；9)
ISBN 978-986-96976-3-7(平裝)

1.地球科學 2.世界地理

350　　　　　　　　　　　107020090

※為保障您的權益，每一項資料請務必確實填寫，謝謝！

姓名		性別	□男　□女
生日	年　　　月　　　日	年齡	

住宅 地址	郵遞區號□□□

行動電話		E-mail	

學歷

□國小　　□國中　　□高中、高職　　□專科、大學以上　　□其他＿＿＿＿＿

職業

□學生　　□軍　　　□公　　　□教　　　□工　　　□商　　□金融業
□資訊業　□服務業　□傳播業　□出版業　□自由業　□其他＿＿＿＿＿

謝謝您購買　**水曜日：地理常識知多少！**　與我們一起分享讀完本書後的心得。
務必留下您的基本資料及電子信箱，使用我們準備的免郵回函寄回，我們每月將
抽出一百名回函讀者，寄出精美禮物以及享有生日當月購書優惠！想知道更多更
即時的消息，歡迎加入"永續圖書粉絲團"

您也可以使用以下傳真電話或是掃描圖檔寄回本公司電子信箱，謝謝！

傳真電話：（02）8647-3660　　電子信箱：　yungjiuh@ms45.hinet.net

●請針對下列各項目為本書打分數，由高至低5～1分。

　　　　　　　5 4 3 2 1　　　　　　　　　　　5 4 3 2 1
1.內容題材　□□□□□　　　2.編排設計　□□□□□
3.封面設計　□□□□□　　　4.文字品質　□□□□□
5.圖片品質　□□□□□　　　6.裝訂印刷　□□□□□

●您購買此書的地點及店名＿＿＿＿＿＿＿＿＿＿＿＿＿＿＿＿＿＿＿＿

●您為何會購買本書？

□被文案吸引　　□喜歡封面設計　　　□親友推薦　　　□喜歡作者
□網站介紹　　　□其他＿＿＿＿＿＿＿＿＿＿＿＿＿＿＿＿＿＿＿＿

●您認為什麼因素會影響您購買書籍的慾望？

□價格，並且合理定價是＿＿＿＿＿　　□內容文字有足夠吸引力
□作者的知名度　　　□是否為暢銷書籍　　□封面設計、插、漫畫

●請寫下您對編輯部的期望及建議：

221-03

新北市汐止區大同路三段194號9樓之

傳真電話：（02）8647-3660
E-mail：yungjiuh@ms45.hinet.net

培育

文化事業有限公司

水曜日：地理常識知多少！

培養文化育智心靈的好選擇